Abwasserbeseitigung

bei Gartenstädten, bei ländlichen und
bei städtischen Siedelungen.

———

Abwasserbeseitigung
bei Gartenstädten, bei ländlichen und bei städtischen Siedelungen.

Von

Prof. Dr. **K. Thumm,**
Abteilungsvorsteher an der Kgl. Landesanstalt für Wasserhygiene,
Berlin-Dahlem.

Mit 2 Abbildungen und 7 Tabellen.

Springer-Verlag Berlin Heidelberg GmbH
1913

Alle Rechte vorbehalten.

ISBN 978-3-662-34414-9   ISBN 978-3-662-34685-3 (eBook)
DOI 10.1007/978-3-662-34685-3

Vorwort.

Die zurzeit in besonderem Masse hervortretenden Dezentralisationsbestrebungen, die das weiträumige Wohnen ausserhalb einer im Zusammenhang gebauten Ortschaft belegenen Siedelung zum Ziele haben, bedingen eine sorgfältige Regelung der Abwasserfrage von vornherein; die Lehren, die die Entwicklung der Städte im Laufe der Jahrhunderte uns gegeben haben, lassen sich nur dann richtig anwenden, und die im Einzelfall gefundenen Lösungen werden bei hygienischer Vollkommenheit der Anlage verhältnismässig billig und befriedigen dann nicht allein nur für den Augenblick, sondern lenken auch die Entwicklung der Siedelung in derartige Bahnen, die für ihren weiteren Ausbau gedeihlich sind.

Der Wichtigkeit des Gegenstandes entsprechend, wurde das Thema „Abwasserbeseitigung bei Einzel- und Gruppensiedelungen" in das Programm der diesjährigen Versammlung des Deutschen Vereins für öffentliche Gesundheitspflege aufgenommen, und am 18. September d. J. wurde von mir in Aachen über den Gegenstand in einem Referate, dessen Wortlaut in dem „Berichtsheft" der „Deutschen Vierteljahrsschrift für öffentliche Gesundheitspflege" erscheinen wird, Bericht erstattet.

Einer Anregung von Herrn Geh. Ob.-Med.-Rat Dr. Abel folgend, wurde dasselbe durch mich aber auch noch in erweiterter Form behandelt und insbesondere durch Beigabe von Zahlenwerten, die im mündlichen Bericht ermüdet hätten, zu vertiefen gesucht. Die vorliegende kleine Broschüre ist die Frucht dieser Arbeit, bei der ich mich in rein technischen Dingen der freundlichen Unterstützung der wassertechnischen Abteilung der Kgl. Landesanstalt für Wasserhygiene (Abteilungsvorsteher Dr.-Ing. Reichle) zu erfreuen hatte.

Berlin-Dahlem, im Oktober 1913.

Thumm.

Der augenblickliche Stand der Beseitigung der flüssigen und festen Abfallstoffe findet nach aussen hin in der Entwicklung, die die Durchbildung der Entwässerungs- und Kläreinrichtungen unserer grossen Städte und grösseren Ortschaften, ferner einzelner nach einheitlichen Gesichtspunkten bearbeiteter Flussgebiete genommen hat, für weitere Kreise seinen sichtbaren Ausdruck. Die sorgfältigen Vorarbeiten, die der wirtschaftlich vorteilhaftesten Lösung vorausgegangen sind, die Grösse der in Frage kommenden Objekte, die bedeutenden im Einzelfalle gemachten finanziellen Aufwendungen bringen die geschaffenen Sanierungseinrichtungen naturgemäss in die breiteste Oeffentlichkeit und rechtfertigen ohne weiteres das diesen Einrichtungen entgegengebrachte besondere Interesse.

Die Durchbildung und Lösung der erwähnten grossen Aufgaben stellt aber nur die eine Seite der Abwasserfrage dar. Sieht man nämlich genauer hin, so erkennt man bald, dass die Beseitigung kleinerer Abwassermengen, wie sie z. B. in Einzel- und Gruppensiedelungen anfallen, der Hygiene und Technik ebenso wichtige Aufgaben stellt, wie die Sanierung der grossen Städte. Die Kleinheit der Einrichtungen bedingt nämlich besondere Arten ihrer Durchbildung; die Zahl der Siedelungen ersetzt die mangelnde Grösse, so dass auch hier bedeutende Werte auf dem Spiele stehen; die Menge der zu beseitigenden Abfallstoffe ist deshalb keineswegs ohne weiteres leicht zu nehmen; die der Errichtung von Einzel- und Gruppensiedelungen zugrunde liegenden Dezentralisationsbestrebungen bewirken endlich, dass die verhältnismässig geringe Zahl der Vorfluter, die bisher von Abwässern noch frei geblieben war, jetzt ebenfalls für die Abwässerbeseitigung in Anspruch genommen werden muss. Diese Vorfluter aber rein zu erhalten, ist eine hygienisch und praktisch gleich wichtige Aufgabe. Die Rückkehr zur Natur, die dem Streben nach Errichtung von Siedelungen auf Neuland zugrunde liegt, darf nicht etwa eine ins Gewicht fallende Schädigung derselben in ästhetischer und hygienischer Beziehung zur Folge haben, und der von dem Naturfreund zu seiner Erholung aufgesuchten Gegend muss die Schönheit ihres reinen Wasserlaufes, die von einer schönen Umgebung untrennbar ist, erhalten bleiben, sofern nicht ein Teil der durch das Abwandern auf das Land erstrebten Vorteile wieder zunichte gemacht werden soll.

Vergleicht man nun die Schwierigkeiten, die der Lösung der Abwasserfrage ganzer Städte und Ortschaften entgegenstehen, mit denjenigen, die bei der Schaffung hygienisch einwandfreier Entwässerungsverhältnisse von Einzel- und Gruppensiedelungen auftreten, so lässt sich ganz allgemein sagen, dass diese bei den sogenannten kleinen Einrichtungen, wie sie in den so verschieden gestalteten Siedelungen in die Erscheinung treten, bald grösser, bald aber auch geringer sind, als bei den für ganze Städte geschaffenen Anlagen. Sie sind z. B. grösser, wo, wie in ländlichen Villen- und Arbeiterkolonien, eine hygienische Lösung für die Abfallstoffbeseitigung gefunden werden muss, ohne den Mietswert der Einzelwohnung allzusehr zu steigern und damit das ganze Unternehmen in Frage zu stellen. Sie sind betreffs der Sicherstellung eines richtigen Betriebes der Kläreinrichtung bei Siedelungen gleichfalls grösser als bei grossen Anlagen, in denen Bedienungsmannschaften in ausreichender Zahl zur Verfügung gehalten werden können, während in den Anlagen der Siedelungen gewissermassen oft von selbst gute Erfolge erzielt werden sollen.

Geringer sind dagegen für Siedelungen meistens die Schwierigkeiten bei der Beseitigung der festen Abfallstoffe; der Raum- und Bodenfrage kommt hier die gleiche Bedeutung wie bei Städten und Ortschaften nicht zu. Oft kann bei ihnen gleichzeitig sogar auch noch die landwirtschaftliche Verwertung dieser Stoffe zur Geltung gebracht werden, ohne dass das ästhetische Moment allzusehr dabei zu leiden hat.

Zahlreich und verschiedenartig sind also die Unterschiede in der Abwasserbeseitigung der Städte und Ortschaften einerseits und der Einzel- und Gruppensiedelungen andererseits; sie rechtfertigen eine besondere Besprechung vom wissenschaftlich-praktischen Standpunkte aus, und zwar umsomehr, wenn man dabei die Bestrebungen der Siedelungsfrage ins Auge fasst, wie diese heutzutage z. B. in der Schaffung von Heilstätten für die Kranken und in der Errichtung von Gartenvorstädten, Gartenstädten, Villen- und Arbeiterkolonien für Schaffung besserer und einfacherer Wohnungsverhältnisse in ihrer grossen Vielgestaltigkeit zum sichtbaren Ausdruck kommen.

Bei der Besprechung des Gegenstandes kann der Hinweis auf Bekanntes nicht immer vermieden werden; einmal wird manches in der Praxis trotzdem nicht immer genügend beachtet, führt zu Missständen und bedarf deshalb hier eines besonderen Hinweises, sodann erscheint aber auch die Erwähnung des einen oder anderen Punktes zwecks Darbietung eines abgeschlossenen Bildes wünschenswert.

Den Ausgangspunkt für die Besprechung der Abwasserbeseitigung bei Einzel- und Gruppensiedelungen bildet die Art der dabei in Betracht zu ziehenden flüssigen und festen Abfallstoffe. Es handelt sich einmal um die Beseitigung der festen und flüssigen menschlichen Abgänge und um die Beseitigung der übrigen Abwässer eines Haushalts, der sogen. Haus- und Wirtschaftswässer. Bei Siedelungen mehr ländlichen Charakters spielt auch die Beseitigung der tierischen Exkremente eine Rolle; bei Siedelungen industriellen Charakters kann endlich die Beseitigung sämtlicher Arten gewerblichen Abwassers unter Umständen in Frage kommen.

Hinsichtlich der Beseitigung dieser verschiedenen Arten von Abfallstoffen, zu denen noch diejenige der verhältnismässig reinen Regenwässer und gegebenenfalls der Kondenswässer und gleichwertiger gewerblicher Wässer hinzutritt, ist nun im allgemeinen an folgendes zunächst zu erinnern:

Die Beseitigung aller dieser Abfallstoffe aus den Wohnungen und ihrer unmittelbaren Umgebung hat möglichst rasch und vollständig zu geschehen; das Auftreten unangenehmer Gerüche ist dabei aus gesundheitlichen und ästhetischen Gründen zu vermeiden.

Für die Beseitigung der zu rund $1^1/_2$ l pro Kopf und Tag berechneten Menge der flüssigen und festen menschlichen Abgänge, deren Zusammensetzung (vgl. Tabelle I) nach Lage der besonderen Verhältnisse (Lebens-

Tabelle I. Zusammensetzung einiger Fäkalabwässer und anderer Abwässer.

Nr.	Bezeichnung des Abwassers	In 1 l des unfiltrierten Wassers sind enthalten mg Ungelöstes		In 1 l des filtrierten Wassers sind enthalten mg		Chlor gebunden (Cl)	Gesamt-	Stickstoff				werden verbraucht mg Kaliumpermanganat (KMnO₄)	Faulprobe in 10 Tagen + positiv − negativ	Bemerkungen
		Gesamt	Glühverlust	Abdampfrückstand Gesamt	Glühverlust			Nitrat-	Nitrit-	Ammoniak-	organischer			
1a	Urin (1 = 100 verdünnt)	—	—	433	286	83	133	nicht nachweisbar	nicht nachweisbar	10	123	75	—	1 Teil Urin mit 99 Teilen dest. Wassers verdünnt. Prüfung auf Bact. coli verlief negativ. Bei einer Verdünnung von 1 = 10 verlief die Faulprobe positiv.
1b	Kot (1 = 100 verdünnt)	1132	985	906	650	8 (8)	29 (86)	nicht nachweisbar	nicht nachweisbar	10 (11)	19 (75)	964 (2013)	+	1 Teil Kot mit 99 Teilen dest. Wassers angerieben. Die eingeklammerten Zahlen sind im unfiltrierten Wasser ermittelt.
2a	Klosettabwasser aus einer Faulkammeranlage mit wenig Spülwasser	—	—	—	—	420	374	nicht nachweisbar	nicht nachweisbar	278	96	1496	+	Spülwasser auf den Kopf u. Tag 20 l. Chlorgehalt d. Spülwassers 16 mg/l; Entnahme d. Abwassers aus d. Faulraum, d. Stickstoffverbindungen sind also bereits stark abgebaut. Der Ammoniakgehalt d. frischen Abwass. muss desh. etwa 30 pCt. niedrig, d. Gesamtstickstoffgeh., d. Gehalt an organ. Stickstoff u. d. Kaliumpermanganatverbrauch dageg. etwa 30 pCt. höher als angeg. angenomm. werd.
2b	Klosettabwasser aus einer Faulkammeranl. bei etwas reichlicherer Spülung	—	—	—	—	272	150	nicht nachweisbar	nicht nachweisbar	137	13	390	+	
2c	Klosettabw. aus einer Faulkammeranl. bei sehr reichl. Spülung	—	—	—	—	74	—	Spuren	deutliche Reaktion	26	4	76	—	Chlorgehalt des Spülwassers 24 mg/l.
3a	Abwasser aus der Fäkalleitung einer Arbeiterkolonie	—	—	—	—	504	272	nicht nachweisbar	nicht nachweisbar	189	83	511	+	Wasserverbr. auf d. Kopf u. Tag etwa 40 l; Chlorgehalt d. Spülwassers über 100 mg/l. Die Kolonie hat getrennte Kanalisationsleit. f. d. menschl. Abgänge u. f. d. Hausabwasser. Die Regenwässer kommen nicht in d. Kanalleit. Die Abwäss. waren bei d. Entnahme bereits stark in Zersetzung begriffen; bezüglich ihrer ursprüngl. Zusammensetzung vgl. d. unter 2a Gesagte.
3b	Abwasser aus der Hausabwasserleitung einer Arbeiterkolonie	—	—	—	—	372	159	nicht nachweisbar	nicht nachweisbar	142	17	457	+	

alter, Nahrung usw.) in weiten Grenzen zu schwanken pflegt, und bei denen im besonderen nur die flüssigen Abgänge ins Gewicht fallende Pflanzennährstoffe enthalten, steht an erster Stelle das Wasserklosettsystem, die Abschwemmung der Abgänge durch Wasser in unterirdische Entwässerungsleitungen. Die Menge der alsdann zu beseitigenden Stoffe wird damit auf etwa 10 bis 15 bis 20 l, auf den Kopf und Tag berechnet, erhöht.

Wasserklosetts sind in Einzel- und Gruppensiedelungen, in denen auf ein behagliches Wohnen Wert gelegt wird, weitverbreitete Einrichtungen. Bei ihrer Anwendung im einzelnen Falle wurde aber recht häufig ausser acht gelassen, dass diese Beseitigungsart, insbesondere wenn sie noch mit derjenigen der Hausabwässer vereinigt ist, das Vorhandensein einer unterirdischen Kanalisationsanlage oder eines durchlässigen Bodens in ausreichender Grösse zu einer planmässigen Untergrundberieselung zur Voraussetzung hat. Da bei vielen Siedelungen diese Voraussetzung nun aber fehlt, Wasserklosetts aber trotzdem zur Anwendung kamen, so war das Auftreten grosser Schwierigkeiten in zahlreichen Fällen die unausbleibliche Folge; man half sich zwar mit der Schaffung von Aufhaltegruben, diese mussten aber oft ausgepumpt und ihr Inhalt abgefahren werden, und erhebliche Kosten für ihre Beseitigung waren deshalb aufzubringen.

Die Einrichtung von Wasserspülanlagen ist also für Siedelungen, ebenso wie für ganze Städte im allgemeinen das erstrebenswerteste Ziel. Stellen sich aber Schwierigkeiten ein, so darf nicht schematisch vorgegangen, vielmehr muss von Fall zu Fall erwogen werden (vgl. die auf S. 24 und 25 gebrachte Uebersicht), ob statt dieser Einrichtungen gewissermassen als Provisorium nicht oft besser Trockenklosetts und zwar das Eimersystem mit Torfstreuung zur Anwendung gebracht wird, das zwar nicht so bequem ist wie die Wasserspülung, bei sachgemässer Anlage (bei hellen, genügend grossen Räumen, bei reichlicher Lüftung und bei bequemer Zumischung des Streumittels) und bei einem richtigen Betriebe hygienisch aber ebenso brauchbar ist wie diese. In Gartenstädten, Villenkolonien und dgl., in denen eine Abflussmöglichkeit für die Abwässer fehlt, sind Torfstuhlklosetts die an erster Stelle zu empfehlende Einrichtung. Die Ausgaben sind dafür verhältnismässig gering. Für eine Person und Jahr ist etwa 1 Zentner guter trockener Torfmull oder auch Torfstreu — also eine Ausgabe von etwa 1,50 M. — für die Geruchlosmachung der Exkremente erforderlich; ihre Menge wird durch den Torfzusatz rechnerisch um etwa 10% vermehrt.

Die Anwendung des Eimer- (Tonnen-) Systems ohne gleichzeitige Geruchlosmachung der Fäkalien ist dagegen wenig zu empfehlen. Bei Unterbringung der Sammelgefässe im Hause wird durch dieses System das ästhetische Gefühl und der Geruchssinn meistens stark verletzt; für Siedelungen kann seine Anwendung im allgemeinen deshalb nur dann in Frage kommen, wenn die Anlage der Aborte in einem Anbau oder ausserhalb der Gebäude in besonderen Bauten erfolgen kann.

Die Beseitigung der Torfstühle erfolgt am einfachsten durch Verwendung im eigenen Garten der Siedelung. Voraussetzung hierbei ist, dass zur Unterbringung der Abgänge — nach dem Dungwert berechnet — etwa 125 qm Gartenfläche pro Kopf zur Verfügung stehen, für ein von fünf Personen bewohntes Einfamilienhaus also etwa 600 qm Gartenfläche. Beim Fehlen einer derartigen Fläche ist für geregelte Abfuhr der Torfstühle Sorge zu tragen; dabei ist dann zu empfehlen, dass die Siedelung von vornherein entsprechend grosse, am besten eigene, sonst gepachtete Landflächen sich zur Unterbringung der Abgänge sichert, um sich von den umliegenden Landwirten unabhängig zu machen und um die hygienisch einwandsfreie Beseitigung der Abgänge sicher zu stellen.

In landwirtschaftlicher Beziehung ist darauf hinzuweisen, dass frische Torfstühle bzw. menschliche Exkremente für sich allein nur im Notfalle und nur leichten Böden (vgl. Tabelle IV) direkt einverleibt werden dürfen. Das Beste ist, diese Stoffe entweder der Düngerstätte zuzuführen oder sie zusammen mit den übrigen tierischen und pflanzlichen Abfällen des Haushaltes und des Gartens, mit der Asche der Feuerungen (nur bei schweren Böden), mit dem Kehricht von Haus und Hof zu kompostieren; bei der erforderlichen häufigen Umarbeitung des Komposthaufens führen die dabei zugeführten menschlichen Abgänge die besonders rasche Zersetzung der demselben übergebenen Stoffe herbei. Reichlicher Kalkzusatz zu dem Komposthaufen ist deshalb geboten, um zu vermeiden, dass derselbe durch allzureichliche Zufuhr menschlicher Abgänge unangenehm zu riechen anfängt. Die in den Schatten zu legende Kompostanlage ist von dem Hausbrunnen mindestens 10 m, von dem Hause selbst etwa 15 bis 30 m entfernt zu legen. Möglichst tiefe Grundstücke (bei geringer Breite) sind für einfachere Einfamilienhäuser, also bei beschränkteren Raumverhältnissen, deshalb die gegebene Grundstücksanordnung.

Die Sammlung der menschlichen Abgänge in ordnungsgemäss angelegten Gruben, also in Gruben aus praktisch undurchlässigem Material und mit sorgfältiger Abdeckung, ist bei Siedelungen ländlichen Charakters, also z. B. in Arbeiterkolonien, beim gleichzeitigen Vorhandensein einer kleinen Stallung auf dem Grundstücke, die gegebene Beseitigungsart; auch als Uebergangsstadium kann die Grube in manchen Siedelungen nicht entbehrt werden. Die Abortanlage befindet sich alsdann am besten ausserhalb des Wohnhauses im Zusammenhange mit dem Stall, in der Nähe der Düngerstätte, der Kompostanlage und des Gemüsegartens. Hinsichtlich ihrer Entfernung von Haus und Brunnen gilt das bereits vorhin Gesagte.

Der Grubeninhalt ist infolge seiner weitgehenden, allerdings mit grossen Stickstoffverlusten einhergehenden Zersetzung landwirtschaftlich ohne weiteres verwertbar, teils durch direkte Unterbringung auf Land (bei leichtem Boden), teils durch Aufbringung auf den häufig umzustechenden Komposthaufen, für dessen Feuchthaltung er mit Vorteil zu gebrauchen ist; seine Verwertung ist also eine wesentlich einfachere als diejenige der Torfstühle.

Die menschlichen Abgänge enthalten im übrigen alle für die Pflanzennahrung notwendigen Stoffe; sie sind vorwiegend Stickstoffdünger und begünstigen bei Bäumen das Holzwachstum und bei krautigen Pflanzen (bei Gemüsen) die Blattbildung; für ihre richtige Anwendung gelten die landwirtschaftlich bekannten Grundlehren, mit denen der Siedler durch eingehende Belehrung gegebenenfalls vertraut zu machen wäre.

Die übrigen Abwässer eines Haushaltes, die Haus- und Wirtschaftswässer, setzen sich zusammen aus den Wasch- und Badewässern, aus den Scheuer- und Küchenwässern und aus den Waschküchenwässern. Die letztgenannte Abwasserart stellt abwassertechnisch beurteilt (vgl. Tabelle II und III) die schlimmste, d. h. die konzentrierteste Schmutzwasserart des Hauses dar. Den Waschküchenwässern an Schmutzgehalt sehr nahe kommen die Küchenwässer, das sogenannte Spülicht, mit seinem meist hohen Fettgehalt. Die Scheuerwässer sind dagegen trotz ihres hohen Gehaltes an ungelösten, vorwiegend aus Staub bestehenden Stoffen wesentlich dünnere Wässer als die schon erwähnten Schmutzwässer, ebenso wie die beim Reinigen des Körpers anfallenden, viel Seife enthaltenden Wasch- und Badewässer. Nach der Leichtigkeit ihrer Beseitigung beurteilt, sind dagegen die letztgenannten Hauswässer wegen ihrer Menge die schlimmsten.

Für die Hausabwässer ist charakteristisch, dass sie entweder garnicht (die meisten Hauswässer) oder nur langsam, wie die Küchen- und insbesondere die Waschküchenwässer — die letzteren aus dem Grunde, weil sie ja in gewissem Sinne durch Kochen desinfiziert worden sind — nachfaulen. In Vorfluter eingeleitet, vermögen die Hausabwässer aber, auch wenn sie fäulnisunfähig und praktisch frei von ungelösten Stoffen sind, trotzdem Schädigungen hervorzurufen; ihre organischen Stoffe sind Nährstoffe für Abwasserpilze, diese reinigen zwar ihrerseits das Wasser, vermögen gleichzeitig aber auch, wenn sie vom Platze ihres Wachstums abreissen, zu einer sekundären Verunreinigung des Vorfluters Veranlassung zu geben. Die Haushaltungswässer enthalten im übrigen meistens geringere oder grössere Mengen menschlicher Abgänge, auch dann, wenn für diese eine getrennte Sammlung eingerichtet wird. Bei Unachtsamkeit können sie bis $^5/_6$ des Urins enthalten, so dass das Hausabwasser im Einzelfalle auch bei offiziell bestehender gesonderter Fäkalienbeseitigung vollkommen Fäkaliencharakter annehmen kann (vgl. Tabelle I 3a und 3b).

Die Menge der Hausabwässer schwankt in Siedelungen in weiten Grenzen; sie ist beim Vorhandensein einer Wasserleitung naturgemäss grösser, als wenn nur ein Hausbrunnen vorhanden ist. Im letzteren Falle beträgt sie im grossen Durchschnitt pro Kopf und Tag meistens weniger als 30 l; für Orte mit Wasserleitung etwa 30 l und beim Vorhandensein von Badeeinrichtungen etwa 50 bis 60 l. Der landwirtschaftliche Wert der Hausabwässer ist nur gering; sie dienen zur Befeuchtung des Komposthaufens. Geringe Mengen des konzentrierten Wäschereiabwassers können auch zur Schädlingsbekämpfung im Garten (gegen Blattläuse) verwendet werden. Das Spülicht allein ist, landwirtschaftlich betrachtet, wertvoll und findet zusammen mit den übrigen Abfällen der Küche als Beimengung zu Schweine-, Ziegen- und Kaninchenfutter in der Praxis Verwendung. Soda darf in dem letzten Falle dem Spülwasser aber nicht beigefügt werden (vgl. Tabelle II 4a).

Die Beseitigung der Hausabwässer erfolgt bei Siedelungen ebenso wie in Städten am besten durch gemeinsame Ableitung mit den Spülfäkalien. Die Wäschereiabwässer können dabei aber Schwierigkeiten machen, wenn sie in grossen Mengen, z. B. in Anstalten oder auf Truppenübungsplätzen, anfallen und das Mischwasser durch ein künstliches biologisches Verfahren behandelt werden soll; sie verhalten sich in diesem Falle unter Umständen wie manche gewerblichen Abwässer, und ihre getrennte Beseitigung muss in solchen Fällen zur Durchführung gebracht werden. Die Zuführung der Hausabwässer zu der Kanalisation hat im übrigen ohne weitere Behandlung zu erfolgen. Besitzt eine Siedelung also Strassenkanäle, die nur der Ableitung der Hausabwässer dienen, während die menschlichen Abgänge in Gruben gesammelt und auf dem Grundstück landwirtschaftlich verwertet werden sollen, so ist der gesamte Kanalinhalt und nicht etwa nur das Hauswasser eines jeden Grundstücks einer Reinigung zu unterziehen.

Fehlt für die Brauchwässer eine Ableitungsmöglichkeit oder die Möglichkeit einer planmässigen Versickerung, so ist eine vorübergehende oder dauernde Sammlung in dichten und gut gelüfteten Behältern von entsprechender Grösse, über deren Lage die gleichen Grundsätze wie für die Fäkaliengruben gelten, nicht zu umgehen. Die Beseitigung der Hauswässer ist alsdann oft schwierig und recht kostspielig. Um zunächst das einfache, hygienisch unzu-

— 13 —

Tabelle II. Zusammensetzung einiger Hausabwässer.

Nr.	Bezeichnung des Abwassers	Ungelöstes Gesamt	Ungelöstes Glühverlust	Abdampfrückstand Gesamt	Abdampfrückstand Glühverlust	Chlor gebunden (Cl)	Stickstoff Gesamt	Stickstoff Nitrat	Stickstoff Nitrit	Stickstoff Ammoniak	Stickstoff organischer	KMnO$_4$ verbraucht mg	Faulprobe in 10 Tagen	Prüfung auf Bact. coli	Bemerkungen
1a	Kaliseife (1=100)	—	—	5644	4498	28	7	—	—	—	7	9451	—	—	1 Teil Sapo kalinus Ph. Germ. III (Wassergehalt 50 pCt.) mit 99 Teilen dest. Wassers. Die gewöhnlichen Schmierseifen enthalten etwa 60 pCt. Wasser.
1b	Natronseife (1=100)	—	—	10277	8256	144	4	—	—	—	4	794	—	—	1 Teil Sapo medicatus Ph. Germ. III (Wassergeh. 3 pCt.) mit 99 Teil. dest. Wassers. Gute Hausseifen enth. höchstens 20 pCt. Wasser.
2	Waschwasser	199	161	375	90	36	4	Spuren	nicht nachweisbar	2	2	76	—	+	Waschwasser von d. Waschtischen von 5 Personen, insges. 15 l; das benutzte Reinwasser enthielt 30 mg/l Cl u. hatte eine Gesamthärte von 10,9 deutschen Härtegraden.
3	Aufwaschwasser	1174	643	724	305	96	12	Spuren	Spuren	6	5	351	—	+	Aufwaschwasser vom Fussboden einer stark begangenen, 20 qm gr. Stube; Abwassermenge insges. 10 l. Aufwaschw. ohne Seife- u. Sodazusatz. Das Reinwasser enthielt 34 mg/l Cl.
4a	Geschirrabwaschwasser	2210	1590	2100	1490	116	32	Spuren	Spuren	4	28	146	—	+	Abwasschwasser v. Geschirr a. d. Küche; Gesamtabwassermenge in einem Haushalt v. 5 Pers. 15 l. Dem Reinwasser, das 26 mg/l Cl enthielt, wurde vor seiner Verwend. als Abwaschwasser ein Zusatz von 40 g Soda gegeben.
4b	Geschirrspülwasser	235	215	852	340	30	7	Spuren	Spuren	6	1	110	+	+	Spülwasser, entstand. b. Reinspülen d. abgew. Geschirrs; Gesamtspülwassermenge in einem Haushalt v. 5 Pers. 8 l. Spülwass. ohne Sodazusatz. Chlorgehalt d. Reinwassers 26 mg/l.
5	Badewasser	100	94	480	136	34	12	Spuren	Spuren	3	9	72	—	+	Gesamtbadewassermenge 150 l; Seifenverbrauch 20 g = 10 g pro Person.

Tabelle III. Zusammensetzung verschiedener Wäschereiabwässer.

Bezeichnung des Abwassers	In 1 l des unfiltrierten Wassers sind enthalten mg Ungelöstes		In 1 l des filtrierten Wassers sind enthalten mg											Bemerkungen
			Abdampfrückstand		Chlor gebunden (Cl)	Stickstoff				mg Kaliumpermanganat (KMnO₄) werden verbraucht	Faulprobe in 10 Tagen	Prüfung auf Bact. coli		
	Gesamt	Glühverlust	Gesamt	Glühverlust		Gesamt-Nitrat	Nitrit	Ammoniak	organischer		+ positiv − negativ			
Wäschereiabwasser aus einer Dampfwäscherei	233	174	—	—	52	23	0	0	4	19	691	—	—	Das Abwasser war stark alkalisch, eine Nachfaulung der konzentrierten Probe war deshalb nicht zu beobachten.
Wäschereiabwasser aus einem Einfamilienhause*). a) Durchschnittsprobe	156	91	1810	750	82	38	Spuren	nicht nachweisbar	9	29	601	—	—	Aus b—f berechnet.
b) Einweichwasser	353	270	5254	2434	260	128	Spuren	nicht nachweisbar	23	105	1997	—	—	Abwassermenge bei 10 kg Wäsche 40 l; das Reinwasser erhielt einen Zusatz von 250 g Seifenpulver (Thomson).
c) Wasser zum Klarkochen	95	76	3732	1582	92	21	Spuren	nicht nachweisbar	6	15	1264	—	—	Abwassermenge bei 10 kg Wäsche 60 l; das Reinwasser erhielt einen Zusatz von 200 g kr. Soda u. 350 g Schmierseife.
d) 1. Spülwasser	152	98	524	132	30	17	Spuren	nicht nachweisbar	6	11	117	—	+	1. Spülwassermenge bei 10 kg Wäsche 120 l.
e) 2. Spülwasser	45	30	402	86	30	17	Spuren	nicht nachweisbar	7	21	21	—	+	2. Spülwassermenge bei 10 kg Wäsche 60 l.
f) Blauwasser	82	52	320	68	29	8	Spuren	nicht nachweisbar	6	2	22	—	+	Blauwassermenge bei 10 kg Wäsche 30 l.

*) Wäschereiabwässer von 10 kg Wäsche; Gesamtabwassermenge 310 l, d. i. 31 l für 1 kg Wäsche. Das verwendete Reinwasser enthielt 26 mg/l Cl und zeigte 13,4 deutsche Härtegrade.

lässige Ausgiessen der Abwässer auf den Boden in der nächsten Umgebung des Wohnhauses zu vermeiden, empfiehlt sich die Anbringung von Ausgüssen, z. B. in der Küche, und die unterirdische Ableitung zu der etwa 15 bis 30 m entfernten, also in der Nähe des Komposthaufens gelegenen Sammelgrube. Von hier aus können dann die Hausabwässer entweder planmässig zur Befeuchtung des Gartens Verwendung finden, oder es muss an ihre Abfuhr gedacht werden. Zur Vermeidung allzuhoher Abfuhrkosten kann auch eine Einschränkung des Wasserverbrauches insofern dienen, als man Badeeinrichtungen in den einzelnen Wohnungen nicht errichtet und dem hygienischen Bedürfnisse durch Erstellung einer Zentralbadeanstalt gerecht wird, die man dort errichtet, wo eine Ableitungsmöglichkeit für die Abwässer gegeben ist. Durch Schaffung einer zentralen Waschanstalt an geeigneter, mit Vorflut versehener Stelle der Siedelung lässt sich die Brauchwassermenge in den einzelnen Haushalten weiter verringern. Dort, wo diese Abwässer, wie z. B. in Einfamilienhäusern, nur einmal in der Woche oder gar nur alle 14 Tage anfallen, kann beim Vorhandensein eines im Garten belegenen, vom Wohnhause also entfernt gelegenen Waschhauses — wenigstens wenn der Gartenboden nicht zu tief gefroren ist — an eine Einleitung dieser Wässer in Furchen und nachheriges Bedecken mit Erde sowohl in schweren wie in leichten Böden gedacht werden. Die dafür erforderliche Landfläche ist unter der Voraussetzung einer gründlichen Durcharbeitung des Bodens eine nur geringe; verhältnismässig wenige Quadratmeter genügen. Wählt man als Stelle für die Unterbringung der Wässer eine mit hochstämmigen Obstbäumen bestandene Stelle des Hausgartens, so ist in der Voraussetzung, dass tiefwurzelnde Sorten vorhanden sind, die Unterbringung des Wäschereiabwassers nicht ohne gleichzeitigen landwirtschaftlichen Nutzen.

Will man sämtliche Hausabwasserarten im Garten des Grundstücks — also **oberflächlich** — auf landwirtschaftliche Weise unterbringen, so reichen bei leichtem Boden 125 qm Gartenfläche, auf den Kopf berechnet, dafür aus; bei schwerem Boden sind dagegen etwa 250 qm Gartenfläche pro Kopf, also die doppelte Fläche dafür erforderlich. Dabei ist angenommen, dass Wasserspülklosetts und Badeeinrichtungen nicht vorhanden sind, und dass die menschlichen Abgänge in Gruben oder Tonnen gesammelt, auf dem Grundstücke aber gleichfalls untergebracht werden müssen.

Die Beseitigung der Hausabwässer erfolgt in Siedelungen mit fehlender Abflussmöglichkeit für das einzelne Grundstück bei durchlässigen Böden vielfach auch unterirdisch in sogenannten Sickergruben, Schwindgruben oder Senken, also in Gruben teils mit durchlässigen Wänden teils mit fehlendem Boden, meistens gemeinsam mit den Fäkalwässern. Diese Beseitigungsart, ein Gegenstück zu den Grubenüberläufen beim Vorhandensein einer Abflussmöglichkeit, wird im Einzelfall oft mit einem wahren Raffinement gepflegt. Ein besonders krasser Fall sei hier mitgeteilt: Einige Steine der Grube werden ohne Mörtel zwischen die übrigen richtig gefugten Steine eingefügt. Die Brunnenwandung erhält aussen Kiespackung, und die Innenwand wird sorgfältig verputzt. Bei der Bauabnahme wird natürlich alles in Ordnung gefunden; nachher werden die losen Steine einfach herausgestossen, die Schwindgrube tritt in Tätigkeit, die Abwässer versickern an nur verhältnismässig wenigen Stellen und die Bodenverunreinigung, die im Laufe der Jahre eine ganz bedeutende Höhe erreichen kann, hat begonnen. Vielfach errichtet man auch zwei Gruben, und zwar eine dichte Grube zur Vorbehandlung des Abwassers und eine undichte Grube, die als Schwindgrube dient. Da das Abwasser auch in diesem Falle an nur wenigen Stellen versickert, haben derartige Einrichtungen naturgemäss eine beträchtliche Bodenverunreinigung zur Folge.

Ueber die Unzulässigkeit derartiger Einrichtungen bedarf es keines besonderen Wortes; sie sind auch als Provisorien zu bekämpfen und zwar umsomehr, als eine ordnungsgemäss angelegte Untergrundberieselung, bei der eine Uebersättigung des Bodens mit Schmutzstoffen nicht stattfinden kann, verhältnismässig nur geringe Mehraufwendungen erfordert. Derartige Untergrundberieselungen (vgl. die Abb. 1 und 2) bestehen aus einem reichlich bemessenen zweiteiligen Faulraum, welcher ein schwebestoffarmes Abwasser liefert, und aus den in grobes Schottermaterial eingebetteten Versickerungssträngen, denen das Abwasser entweder durch eine dazwischengeschaltete Heberkammer (bei grösseren Versickerungssträngen) oder durch Kipprinnen (bei kleineren Versickerungssträngen) zwecks tunlichst gleichmässiger Verteilung des Wassers in den Versickerungssträngen stossweise zugeführt wird. Wird das Wasser vor seiner Versickerung noch in einer künstlichen biologischen Anlage, was übrigens meistens garnicht notwendig ist, vorgereinigt, so müssen auch in diesem Falle der Versickerungsanlage, um ihre Verschlammung zu vermeiden, praktisch schwebestofffreie Abwässer zugeführt werden.

In schweren Böden ist die Anlage einer Versickerungsanlage nicht möglich; wo man sie trotzdem versucht hat, musste man die Versickerungsstränge immer wieder verlegen; trotzdem verjauchte dabei der Boden und wurde für eine landwirtschaftliche Nutzung völlig unbrauchbar. Liegt dagegen ein tonfreier Sandboden vor und wird kein Wasser zu Wasserversorgungszwecken dem Untergrund der Umgebung entnommen, so stellt eine Untergrundberieselung beim Fehlen einer Vorflut eine gute Beseitigungsart für die gesamten Abwässer eines einzeln gelegenen Wohnhauses dar. Auch in einzeln gelegenen Häusern einer Gruppensiedelung, die noch nicht unterirdisch entwässert werden kann, ist eine Untergrundberieselung als Provisorium wohl anwendbar. Dabei ist u. a. zu beachten, dass Regenwässer der Anlage direkt nicht zugeführt werden dürfen, sondern für sich beseitigt werden müssen.

Die Beseitigung der tierischen Exkremente spielt sowohl in Einzel- wie in Gruppensiedelungen oft eine bedeutsame Rolle. In Siedelungen mehr städtischen Charakters kommt das Halten von Geflügel, Kaninchen und Ziegen in Frage; in ländlichen Siedelungen dasjenige von Schweinen und Grossvieh. Die Menge dieser Stoffe in Siedelungen, in denen landwirtschaftliche Betriebe vorherrschen, kann leicht die mehrfache Menge der menschlichen Exkremente betragen (vgl. dazu Tabelle IV). Da die Düngerproduktion einer Ziege oder eines Schweines etwa die doppelte oder dreifache Menge derjenigen des Menschen beträgt, so ist dieselbe in kleinen Siedelungen — insbesondere wenn es sich um eine Ziege als Düngerproduzentin handelt; Schweinedung ist landwirtschaftlich viel weniger wert — als Nährstoffquelle für einen kleinen Hausgarten oft mehr als ausreichend anzusehen, und die menschlichen Abgänge brauchen deshalb nicht gesammelt zu werden.

Die Aufbewahrung des tierischen Düngers hat in wasserundurchlässigen Gruben zu geschehen. Grössere Mengen Jauche werden am besten für sich in Gruben gesammelt, sofern man nicht durch entsprechende Vermehrung der Einstreu dafür Sorge trägt, dass Jauche überhaupt nicht zum Abfluss kommt, was vom abwassertechnischen Standpunkte aus betrachtet das beste ist. Durch Zuführung der Jauche zu manchen Frischwasserkläranlagen, manchen künstlichen biologischen und Kohlebrei-Anlagen sind wenigstens erhebliche Schwierigkeiten entstanden.

Tabelle IV. Menge, Art und landwirtschaftlicher Nutzungswert der tierischen und menschlichen Exkremente.

Art des Tieres	Tägliche Gesamtmenge d. Exkremente ohne Einstreu in kg	mit Einstreu in kg	Ungefähres Verhältnis d. menschlichen Exkremente zu den tierischen	Nährstoffwert des Düngers	Für welche Böden geeignet?	Bemerkungen
Pferd	14	40	1:10	stickstoffreich	Für Sandböden im Herbst frisch, im Frühjahr nur im verrotteten Zustand; in kalten und schweren Böden das ganze Jahr vorzüglich	Trockener und hitziger Dünger, erwärmt den Boden.
Schaf	2	2,8	1:1,3	do.	do.	do.
Ziege	2	2,8	1:1,3	do.	do.	do.
Rind	bis 35	40	1:23	stickstoffärmer als die vorigen	Besonders für Sandböden geeignet, dann aber auch für schweren Boden sehr gut; Unterbringung im Herbst	Feuchter und kühlender Dünger, langsam wirkend.
Schwein	4	5,6	1:2,7	do.	In Sandböden anwendbar; bei nassen und schweren Böden besser mit Ziegendung gemischt anzuwenden	Kalter Dünger; am besten auf dem Komposthaufen, wenn Mischung mit anderem Dünger nicht möglich oder bei schweren Böden.
Geflügel	0,1—0,15	—	1:0,06—0,1	sehr stickstoff- u. sehr phosphorsäurereich	Zur Kopfdüngung besonders geeignet	Mit Torfmull kompostiert vorzüglicher Dünger; unverdünnt im allgemeinen nur in geringen Mengen anwendbar.
Mensch	1,5	mit Torfmull 1,6	—	stickstoffreicher als Pferdedung	In frischem Zustand bei gleichzeitiger Verwendung von Torfstreu in leichten Böden anwendbar, in schweren Böden untergebracht zeigen sich Ungeziefer u. Pflanzenkrankh.; zersetzt als Kloake für leichte Böden vorzügl. geeignet, bei schweren Böden ist Vorsicht geboten	Hitziger Dünger; besonders zur Unterbringung auf dem Komposthaufen oder auf die Düngerstätte geeignet; konzentrierte, zersetzte Jauche ist vor dem Aufbringen auf Land wenn möglich zu verdünnen.

Kleinere Düngermengen beseitigt man am besten durch Aufbringen auf den Komposthaufen; bei grösseren Düngermengen ist entweder eine vom Wohnhause etwa 15 bis 30 m entfernte, im Schatten gelegene Düngerstätte vorzusehen, oder es ist für eine alsbaldige Abfuhr der Stoffe Sorge zu tragen. Bei der Pflege des stets feucht zu haltenden Düngerhaufens ist daran zu erinnern, dass die verschiedenen Hausabwässer dazu besonders geeignet sind, hierbei also im Einzelfalle eine nutzbringende Beseitigung finden können.

Obgleich die einzelnen tierischen Düngersorten in ihrem Düngewerte weitgehende Verschiedenheiten aufweisen, deren Kenntnis für die richtige Beseitigung dieser Stoffe auf Land eine unerlässliche Voraussetzung ist, so bereitet ihre ordnungsmässige Beseitigung im allgemeinen keinerlei praktische Schwierigkeiten; ihrem landwirtschaftlichen Werte nach beurteilt sind sie dem Fäkaldünger überlegen und ihre durch die Einstreu bedingte, im gewissen Sinne sperrige Natur bewirkt die so notwendige Verbesserung der Böden in physikalischer Beziehung.

Werden 100 qm Land 150 bis 200 kg Stalldünger zugeführt, so spricht man von einer schwachen oder halben Düngung, bei 200 bis 300 kg Dünger von einer vollen Düngung und bei 300—400 kg Dünger von einer starken Düngung.

Da tierischer Dünger oft in frischem, d. h. nicht verrottetem Zustande dem Lande zugeführt wird, so ist die viel geübte Aufbringung der menschlichen Abgänge, z. B. des Inhalts der Tonnen auf die Düngerstätte, nicht immer zu empfehlen. Findet aber eine längere Pflege des Düngers auf der Düngerstätte statt, so dürften gegen die gelegentliche Vermischung des Düngers mit den menschlichen Abgängen im Einzelfalle hygienische Bedenken wohl nicht erhoben werden.

Bei Industriesiedelungen oder bei Gartenstädten, in denen z. B. zwecks besserer Finanzierung des Unternehmens, gewissermassen als das Rückgrat der Siedelung, an die Errichtung industrieller Betriebe gedacht ist, bedarf auch die Frage der Beseitigungsmöglichkeit der anfallenden gewerblichen Abwässer besonderer Beachtung. Ueber die verschiedenen Arten dieser Abwässer und über ihre Beseitigungsmöglichkeit ist von J. König[1]) vor drei Jahren berichtet worden. In Rücksicht auf den vorliegenden besonderen Fall ist hier auszuführen, dass richtig ausgewählte Fabrikbetriebe im Einzelfall die Abwasserbeseitigung von Siedelungen ganz bedeutend zu fördern vermögen; es sind dies zunächst alle diejenigen Industrien, die grosse Mengen reiner Abwässer in ihrem Betriebe erzeugen, wie es z. B. bei Maschinen- und Werkzeugfabriken, bei Spinnereien und Webereien und bei vielen anderen Betrieben der Fall ist. Die Menge der entstehenden reinen Abflüsse bedingt nämlich die Schaffung geregelter Abflussverhältnisse und erleichtert damit auch diejenigen der reinhäuslichen Abwässer; sie ermöglicht weiter eine oft weitgehende Verdünnung der häuslichen Abwässer, und einfachere d. h. billigere Verfahren reichen oft aus, wo sonst durchgreifendere, also kostspieligere Reinigungsmethoden zwecks Verhütung von Missständen erforderlich gewesen wären. Andere Gewerbebetriebe wieder, die, wenn günstige Vorflutverhältnisse fehlen, zwecks Erzielung einer sicheren durchgreifenden Reinigung auf eine Behandlung ihrer Abwässer auf Land angewiesen sind, wie z. B. Stärkefabriken, Brauereien, Brennereien, Zuckerfabriken, Molkereien usw., gestatten eine gemeinsame Behandlung mit den Abwässern der Haushaltungen; eine vereinfachte Abwasserbeseitigung wird oft auch damit für die letzteren möglich gemacht.

---

1) Deutsche Vierteljahrsschr. f. öffentl. Gesundheitspflege. 1911. Bd. 43. S. 111.

Erscheint hiernach also die Zusammenfassung aller erreichbaren Abwasserarten in vielen Fällen der Praxis — insbesondere, wenn das Mischwasser nur mechanisch gereinigt zu werden braucht — als das erstrebenswerteste Ziel einer richtigen Lösung der Abwasserfrage von Siedelungen industriellen Charakters, so ist andererseits zu betonen, dass, wenn z. B. die Abwässer durch das künstliche biologische Verfahren gereinigt werden müssen, die Zusammenfassung der Wässer nicht immer die beste Lösung zu sein braucht. Findet sich in Siedelungen, z. B. in Genesungsheimen, ein grosser Wäschereibetrieb, dessen Abwässer nur durch Landbehandlung oder durch ein chemisches Klärverfahren einer durchgreifenden Behandlung zugänglich sind, so ist es, wie oben erwähnt, oft besser, diese von den künstlichen biologischen Anlagen fernzuhalten und für sich zu beseitigen. Die getrennte Behandlung ist weiter besser, wenn z. B. die gewerblichen Abwässer Schlammstoffe enthalten, die anorganischer Natur oder fäulnissunfähig sind, oder wenn sie (wie z. B. bei Wollwäschereien, Kohlenwaschwässern u. dgl.) Stoffe enthalten, deren Gewinnung einen gewissen Nutzen abzuwerfen imstande ist.

In allen Fällen ist aber natürlich anzuraten, dabei ja nicht schematisch zu verfahren und sich insbesondere daran zu erinnern, dass bei der Errichtung neuer Fabriken, was die Abwasserfrage betrifft, als vornehmste Forderung der Erfahrungssatz: „Jede Fabrik an den richtigen Vorfluter" anzusehen ist.

Bei der Beseitigung der Regenwässer ist zunächst vorauszuschicken, dass eigentlich nur die von den Dachflächen abfliessenden Regenwässer (Tabelle V) im allgemeinen als reine Wässer anzusehen sind. Schon beim Halten von Tauben ist mit einem gewissen Schmutzgehalt dieser Wässer zu rechnen. Die Abschwemmungen von Höfen und von Strassen, besonders beim Vorhandensein landwirtschaftlicher Betriebe oder bei einem regen Verkehr auf der Strasse, sind überhaupt keine reinen Wässer und enthalten oft ganz erhebliche Schmutzmengen sowohl gelöster, besonders aber ungelöster Natur; die Durchführung einer sachgemässen Beseitigung dieser Wässer bedarf daher schon deshalb sorgfältigster Erwägung.

In Siedelungen erfolgt die Beseitigung der Regenwässer vielfach getrennt von den übrigen Abwässern. In Kleinwohnungen, Einfamilienhäusern, werden die Dachwässer, insbesondere diejenigen der hinteren Dachseite, oft in Tonnen gesammelt: dieses Wasser wird für die Wäsche und zum Giessen empfindlicherer Pflanzen gern benutzt. Sind die Tonnen frei aufgestellt, also in den Boden nicht eingelassen, so dass sie leicht gereinigt werden können, keine Brutstätte für die Mücken bilden und keinen Anlass zu Unglücksfällen geben können, so sind gegen ihre Anwendung Bedenken nicht zu erheben.

Beim Vorhandensein durchlässigen Bodens führt man die auf grösseren Dachflächen anfallenden Regenwässer gern besonderen, mit durchbrochenen Wänden hergestellten, brunnenartig gebauten Sickeranlagen zu und erstrebt also die Beseitigung dieser Wässer gleichfalls auf dem Grundstück selbst. Bei Anwendung derartiger Einrichtungen erscheint aber schon eine gewisse Vorsicht am Platze; die Dachwässer können, wie erwähnt, ungelöste Stoffe enthalten, und man wird deshalb nur solche Sickeranlagen auf die Dauer mit Erfolg betreiben können, deren Versickerungsflächen leicht zugänglich sind, also von den abgefangenen Schlammstoffen gegebenenfalls leicht gereinigt werden können.

In nicht wenigen Fällen erstrebte man auch die Beseitigung der auf Höfen und Strassen niedergehenden Regenwässer durch Anlage von Versickerungseinrichtungen. So suchte man z. B. Strassenwässer in besonderen Drainage-

Tabelle V. Zusammensetzung einiger Regenwässer in einem Villenvorort Gross-Berlins.

Regenwasserart	In 1 l des unfiltrierten Wassers sind enthalten mg		In 1 l des filtrierten Wassers sind enthalten mg							mg Kaliumpermanganat (KMnO$_4$) werden verbraucht	Faulprobe in 10 Tagen	Prüfung auf Bact. coli	Bemerkungen
	Ungelöstes		Abdampfrückstand		Chlor gebunden (Cl)	Stickstoff					+positiv −negativ		
	Gesamt	Glühverlust	Gesamt	Glühverlust		GesamtReaktion	Nitrat-	Nitrit-	Ammoniak-	organischer				
Dachwasser	329	141	210	—	2	schwache Reaktion	nicht nachweisbar	nicht nachweisbar	Spuren	—	20	—	+	Durchschnittsprobe.
Strassenwasser von einer wenig befahrenen Strasse	1179	214	242	46	4	7	1,8	0,2	2	3	42	—	+	Durchschnittsprobe; Reihenpflaster.
von einer etwas stärker befahrenen Strasse	3000	2073	4380	1640	1216	866	Spuren	nicht nachweisbar	3	4	54	—	+	Durchschnittsprobe; Reihenpflaster.
von einem Droschkenhalteplatz	8655	2764	5254	810	1600	954	nicht nachweisbar	nicht nachweisbar	721	145	3318	+	+	Probe kurz nach dem Einsetzen des Regens entnommen.
Hofabflusswasser	—	—	—	—	—	—	nicht nachweisbar	nicht nachweisbar	928	26	1706	+	+	Von einem Hof mit landwirtschaftl. Betriebe; Probe kurz nach dem Einsetzen d. Regens entnommen.
Gesamtregenwasserabfluss zur Vorflut	1577	169	204	42	15	5,5	0,3	0,2	3	2	48	—	+	Durchschnittsprobe.

strängen an die Wurzeln der Strassenbäume zu leiten und hoffte so, einmal diese Wässer los zu sein und gleichzeitig den Bäumen die zu ihrem Gedeihen so notwendige Feuchtigkeit zuzuführen. Diese Anlage war an sich betrachtet genial; sie hatte aber nur den einen grossen Fehler: sie funktionierte nicht. Schon bei den ersten kräftigen Regen wurden die Leitungen bzw. der dieselben umgebende Boden derartig verschlammt, dass so gut wie kein Tropfen mehr zur Versickerung gebracht werden konnte.

Nicht viel besser ging es in den Fällen, in denen statt besonderer Sickerstränge Sickerbrunnen, die also mehr oder weniger zugänglich waren, in durchlässigem Boden zur Beseitigung der Strassenwässer dienen sollten. Der aussergewöhnliche Reichtum dieser Wässer an ungelösten Stoffen machte eine erfolgreiche Regenerierung der Brunnen durch Entschlammung unmöglich, und die Sickerbrunnen mussten schliesslich nach jedem kräftigen Regen ausgepumpt und ihr Inhalt durch Abfuhr beseitigt werden.

Bei geeigneten Bodenverhältnissen haben sich dagegen grosse Versickerungsteiche zur Aufnahme der Regenwässer als zweckmässig erwiesen; zwecks Verhütung von Verschlammung der Versickerungsfläche erscheint es aber auch hier notwendig, derartigen Teichen nur weitgehendst entschlammte (am besten nach dem Prinzip der Notauslasskläranlagen — s. S. 33 — behandelte) Regenwässer zuzuführen. In sandigem Boden können als Ersatz für solche Teiche intermittierend zu beschickende, nach Art der Staufilter eingerichtete, also nur aptierte, aber nicht drainierte Sandflächen dienen, die dasselbe zu leisten vermögen, in der Anlage aber wesentlich billiger sind.

Alle diese Lösungsmöglichkeiten erstreben mehr oder weniger die Beseitigung der Regenwässer auf dem Grundstücke selbst; die empfohlenen Einrichtungen sind im gewissen Sinne als Provisorien anzusehen beim Fehlen jeglicher Vorflut.

Bei Schaffung einer unterirdischen Entwässerungsanlage für die Schmutzwässer ist es im übrigen von dem Einzelfalle abhängig zu machen, inwieweit die Regenwässer gleichzeitig mit zur Ableitung zu bringen sind. Dabei wird dem Mischsystem, also der gemeinsamen Ableitung der Schmutz- und Regenwässer, beim Fehlen einer Vorflut vor dem reinen Trennsystem der Vorzug zu geben sein. Das letztere wird aber wieder billiger, wenn der grösste Teil des Regenwassers in den Rinnsteinen abfliessen und durch kurze Kanäle oder durch offene Strassenrinnen in nächstliegende Gewässer abgeleitet werden kann, oder wenn gepumpt werden muss. Um das Netz der Mischkanalisation bei der weitläufigen Bauweise der Siedelungen nicht allzugross bemessen zu müssen, erscheint die Anlage genügend grosser Regenaufhalteteiche, deren Gestaltung dem Gartenarchitekten dankbare Aufgaben stellt, und allmähliche Einleitung der Regenwässer in die Kanalisation für Siedelungen der Durchbildung im Einzelfalle besonders wert. Die Wahl einer geringeren Strassenbreite, die teilweise oder völlige Beseitigung der Dachwässer auf dem Grundstücke selbst unter eventueller Anbringung von sogen. Regenklappen wäre weiter dann ins Auge zu fassen.

Wegen des oft hohen Schmutzgehaltes der Regenwässer ist die Einleitung in nicht entschlammtem Zustande in stehende Gewässer, Schiffahrtskanäle u. dgl. nicht immer möglich, obwohl dieselben für die Aufnahme fäulnisfähiger Abwässer wegen ihrer im Vergleich zu rasch strömenden Wässern höheren Selbstreinigungskraft oft wieder recht geeignet sind. Bei den zurzeit bestehenden Bestrebungen zur Errichtung von Siedelungen, z. B. am Mittellandkanal sowie am Berlin-Stettiner Grossschiffahrtsweg, erscheint ein Hinweis hierauf am Platze.

Die im Vorstehenden gegebene Darstellung der Beseitigungsmöglichkeiten der verschiedenen Arten der in Einzel- und Gruppensiedelungen anfallenden flüssigen und festen Abgänge, bei der der landwirtschaftlichen Bedeutung dieser Stoffe mit Rücksicht auf die in Rede stehenden Verhältnisse besonders gedacht werden musste, bildet wie gesagt die Grundlage für die Lösung der Abwasserfrage in den Einzelfällen der Praxis. Diese Darlegungen zeigen nun ganz allgemein, dass bei Siedelungen zwei Hauptlösungsmöglichkeiten, einmal die Unterbringung der Abgänge auf genügend gross bemessenen Landflächen und zweitens die Ableitung dieser Stoffe in unterirdisch angelegte Entwässerungsleitungen in Frage kommen können, die beide im einzelnen Fall die Abwasserfrage definitiv zu lösen imstande sind. Das Unterbringen der Abfallstoffe auf räumlich beschränkter Fläche, verbunden mit Abfuhr oder teilweiser Ableitung setzt dagegen eine Einschränkung, die leicht zu Schwierigkeiten führen kann, voraus; die Anlagen sind vielfach teuer und umständlich und haben deshalb bei längerer Benutzung oft Bodenverunreinigung oder missbräuchliche Beseitigung der Abfallstoffe durch einfaches Weglaufenlassen zur Folge. Derartige Verfahren sind daher unter gewissen Voraussetzungen als Provisorien wohl zulässig, als definitive Lösungen können sie aber nicht gut angesehen werden, zumal sie, wenn eine Landhinzunahme zu dem betreffenden Grundstück nicht möglich ist, früher oder später notwendig doch zu einer ordnungsgemässen Ableitung der Stoffe, also zu einer Kanalisation führen.

Die Lösungsmöglichkeiten der Abwasserbeseitigung auf genügend gross bemessenen, bei dem Wohnhaus belegenen Landflächen sind im Einzelfall naturgemäss sehr verschieden (vgl. Tabelle VI und Abb. 1); sie werden bestimmt sowohl durch die Art des vorhandenen Bodens, ob leichter oder schwerer Boden vorliegt, ferner durch das Fehlen oder das Vorhandensein einer Wasserleitung und endlich auch durch den Charakter der Siedelung selbst, ob dieser mehr ländlich oder mehr städtisch ist. Zur Unterbringung sämtlicher Abgänge einer aus 5 Köpfen bestehenden Familie sind, wie früher ausgeführt worden ist, bei leichtem Boden etwa 600 qm und bei schwerem Boden etwa 1200 qm Landfläche erforderlich. Die genannten Flächen sind für einen Hausgarten schon recht gross; die ausschliessliche Beseitigung der Abgänge auf Land kann deshalb im allgemeinen nur in Einzelsiedelungen oder in Gruppensiedelungen mit Kleinwohnhausbau in Frage kommen; sie ist im übrigen an das Vorhandensein einer Vorflut nicht gebunden, und ihre Anwendung hat die Beherrschung der Grundbegriffe über die landwirtschaftliche Verwertung der Abfallstoffe zu ihrer Voraussetzung. Die dabei erforderliche getrennte Beseitigung der verschiedenen Abwasserarten: durch Kompostieren, zur Befeuchtung des Komposthaufens, zum Verfüttern an die Haustiere usw., entspricht den Gewohnheiten des Landwirts, und ihre ordnungsgemässe Durchführung kann durch entsprechende bauliche Anlage in für die Praxis ausreichendem Masse sichergestellt werden.

Bei ausschliesslicher Unterbringung der Abgänge auf das Land der Siedelung ist die Errichtung von Wasserklosetts und von Badeeinrichtungen ohne allzugrosse Kosten aber eigentlich nur möglich, sofern ein durchlässiger, am besten grobkörniger Boden zur Anlage einer Untergrundberieselung zur Verfügung steht und Wasser dem Untergrunde zu Trinkzwecken nicht entnommen wird. Bei schwerem Boden muss man auf die Anlage von Badeeinrichtungen im allgemeinen verzichten, und als Abortanlagen können dann nur Torfstuhlklosetts oder Gruben in Frage kommen.

Die Anlage einer unterirdischen Entwässerungsanlage zur Aufnahme sämtlicher Schmutzwässer, gegebenenfalls auch der reinen Wässer, und zur Ableitung des Kanalinhaltes nach einer zentralen Reinigungsanlage — die andere Art der definitiven Lösung — gilt in vielen Siedelungen, z. B. bei einer modernen Hotelanlage, bei einer Krankenhausanlage, bei einer Heilstätte oder auf einem Truppenübungsplatze als die selbstverständliche Voraussetzung ordnungsgemässer Abwasserbeseitigung. Einigermassen ausgebaute Vorortsiedelungen, neuerdings auch manche Gartenstädte, erstreben gleichfalls diese Regelung ihrer Abwasserverhältnisse. In zahlreichen Siedelungen mit landwirtschaftlicher Ausnutzung der Gartenanlagen wird dagegen das „Schwemmsystem" als nicht in den Rahmen der Siedelung passend verworfen. Der Verlust der für den Garten gebrauchten Dungstoffe, deren Beschaffung bei grösseren Gärten eine nicht zu unterschätzende Rolle spielt, wird hierbei als Hauptgrund angesehen.

Dazu ist zunächst zu bemerken, dass zwischen der landwirtschaftlichen Verwertung der menschlichen Abfallstoffe an sich und der Notwendigkeit, sie Tag für Tag, Sommer wie Winter auf einer ein für allemal gegebenen Landfläche, auch wenn diese reichlich gross bemessen ist, ordnungsgemäss zu beseitigen, ein grosser Unterschied besteht, und der anfängliche Nutzen dieser Stoffe hierbei für den Gartenfreund leicht zu einer Last werden kann.

Mit der Einleitung der menschlichen Abgänge in die Kanäle sind diese Stoffe nun keineswegs etwa der landwirtschaftlichen Nutzung völlig entzogen. Sie werden teils als Rechengut, teils als Schlamm in der Reinigungsanlage wieder erhalten, und zu ihrer landwirtschaftlichen Verwertung gerne wieder zur Verfügung gestellt. Die in dem Harn enthaltenen Nährstoffe gehen dem entwässerten Grundstück dabei allerdings verloren. Der hygienische Wert einer Kanalisation wird dadurch aber nicht beeinträchtigt, dass der in den Nachtstunden anfallende Urin nicht der Entwässerungsanlage zugeführt, sondern auf den Komposthaufen aufgegossen wird, oder für sich allein zur Bereitung des landwirtschaftlich sehr wertvollen flüssigen Düngers Verwendung findet und somit dem Grundstücke erhalten bleibt. Da eine Entwässerungsanlage eine landwirtschaftliche Nutzung der Abgänge nach dem gerade bestehenden Bedarf an diesen Stoffen möglich macht, so passen derartige Anlagen oft gerade in den Rahmen von Gartenstädten und von gleichwertigen Siedelungen und sind der Verwendung der Abfallstoffe für den Hausgarten eher förderlich als schädlich. Der bequemen Deckung des Düngerbedarfes beim Halten einiger Haustiere ist bereits früher gedacht worden.

Ein weiterer Grund der Abneigung gegen eine zentrale Entwässerungsanlage bildet bei der Gründung zahlreicher Siedelungen die Kostenfrage, deren Lösung infolge der hohen Aufwendungen, die seitens zahlreicher Städte in dieser Richtung gemacht werden mussten, besonders schwierig erscheint. Zwischen der Entwässerung der Städte und derjenigen von Siedelungen bestehen aber prinzipielle Unterschiede. Dort musste in ein von alters her entstandenes Stadtgebiet mit fertigen Strassenzügen nachträglich eine Entwässerung eingebaut werden; hier handelt es sich um die Schaffung von Entwässerungseinrichtungen für eine erst zu bauende Siedelung. Bebauungsplan und Entwässerung können hier als einheitliches Ganzes entworfen werden, und die für die örtlichen Verhältnisse günstigste, also billigste Lösung für die Kanalisationsanlage gewählt werden.

Die weiträumige Bebauung in Siedelungen gestattet weiter günstigere Lösungen der Beseitigung der Regenwassermengen, die bei Städten mit ge-

Tabelle VI. Uebersicht über die verschiedenen Möglichkeiten der Abwässerbeseitigung
Boden, beim Fehlen und beim Vorhandensein

Bodenart	Für eine Siedelung mit ländlichem Charakter (Düngerstätte vorhanden)	
	beim Fehlen	beim Vorhandensein
	einer Wasserleitung (Badeeinrichtung nicht vorhanden)	
1	2	3
Leichte Böden*)	Sammeln der menschlichen Abgänge in Tonnen oder Gruben mit Verbringen entweder auf die Düngerstätte oder den Komposthaufen; direkte Unterbringung auf Land möglich, im allgemeinen aber nicht zu empfehlen. Die Abortanlage ist am besten ausserhalb des Hauses, von diesem etwa 15—30 m, von dem Einzelbrunnen wenigstens 10 m entfernt, in die Nähe der Düngerstätte, der Kompostanlage oder des Gemüsegartens zu legen. Beseitigung der Hauswässer am besten durch unterirdische Ableitung aus dem Haus zur Fäkaliengrube oder zur Düngerstätte. Verwendung der Küchenwässer auch als Beigabe zum Futter für Schweine, Ziegen und Kaninchen. Ausgiessen der Hausabwässer z. B. auf die Kompostanlage im Notfalle zulässig. Beseitigung der Dachwässer (Regenwässer) entweder durch Versickerung auf dem Grundstück oder Sammlung in sog. Regentonnen. Erforderliche Landfläche bei dem Grundstück ohne Berücksichtigung des Düngers der Tiere etwa 600 qm.	Wie in Spalte 2; für die Beseitigung der Hausabwässer kann aber als Beseitigungsart nur ihre unterirdische Ableitung und ihre planmässige Benutzung zur Befeuchtung des Gartens und nicht mehr das einfache Ausgiessen der Wässer auf die Kompostanlage in Frage kommen. Für die Ansammlung der Hausabwässer ist eine besondere Grube vorzusehen; die Beseitigung der Hausabwässer ist unter Verzichtleistung auf landwirtschaftliche Nutzung auch durch eine planmässig angelegte Untergrundberieselung möglich (siehe hierzu Spalte 5).
Schwere Böden**)	Beseitigung der menschlichen Abgänge und der Hausabwässer wie bei leichten Böden (siehe oben). Beseitigung der Dachwässer (Regenwässer) durch Sammeln in Regentonnen und Verwendung im Garten. Erforderliche Landfläche ohne Berücksichtigung des Düngers der Tiere etwa 1200 qm.	Wie bei leichten Böden (siehe oben); Beseitigung der Hausabwässer durch eine Untergrundberieselung jedoch nicht möglich. Erforderliche Landfläche etwa 1200 qm.

schlossener Bauweise den Abfluss des Schmutzwassers in der Zeiteinheit auf ein oft 50 bis 100faches zu erhöhen vermögen, und deshalb einen ungleich grösseren baulichen Aufwand notwendig machen. Bei Siedelungen bei weitläufiger Bebauung genügt es oft für den Hektar 10 secl als wirklichen Regenwasserabfluss anzusetzen, gegenüber 70 bis 100 und mehr secl bei dichter und sehr dichter Bauart. Durch Beseitigung der Dachwässer auf dem Grundstücke, durch Anlage von Regenaufhalteteichen lässt sich beim Fehlen einer Vorflut die abzuleitende Regenwassermenge noch weiter vermindern. Da die Regenwässer hierbei teilweise versickern, teilweise langsam der Schmutzwasser-

eines Einfamilienhauses mit 5 Bewohnern bei fehlender Vorflut, bei leichtem und schwerem einer Wasserversorgung (vgl. dazu Abb. 1, S. 28).

Für eine Siedelung mit städtischem Charakter (Düngerstätte nicht vorhanden)		Bemerkungen
beim Fehlen	beim Vorhandensein	
einer Wasserleitung		
(Badeeinrichtung nicht vorhanden)	(Badeeinrichtung vorhanden)	
4	5	6
Torfstuhlklosetts innerhalb des Hauses für die menschlichen Abgänge; Beseitigung durch Aufbringen auf die Kompostanlage. Direkte Unterbringung auf das Land möglich, aber wenig zu empfehlen. Lage der Kompostanlage wie in Spalte 2 angegeben. Beseitigung der Hausabwässer durch unterirdische Ableitung zu einer in der Nähe der Kompostanlage anzuordnenden Grube und landwirtschaftliche Verwertung zur Befeuchtung der Kompostanlage oder im Garten. Direktes Ausgiessen auf die Kompostanlage zulässig; Beseitigung gegebenfalls auch durch eine Untergrundberieselung (Spalte 5). Beseitigung der Regenwässer und erforderliche Landfläche wie in Spalte 2.	Einrichtung von Wasserspülklosetts innerhalb des Hauses für die menschlichen Abgänge und Ableitung zusammen mit sämtlichen Abwässern des Haushalts zu einer unterirdisch vom Hause etwa 10 m entfernt angelegten Versickerungsanlage aus zweiteiligem Faulraum und aus etwa 75—150 qm Versickerungsfläche bestehend. Beseitigung der Regenwässer für sich durch Versickerung. Wünschenswerte Landfläche bei dem Grundstück 500 bis 600 qm.	*) Abwässerbeseitigung im allgemeinen leicht.
Torfstuhlklosetts innerhalb des Hauses für die menschlichen Abgänge und Beseitigung durch Aufbringen auf die Kompostanlage. Direkte Unterbringung auf das Land nicht möglich. Lage der Kompostanlage wie in Spalte 2 bei leichten Böden. Beseitigung der Hausabwässer durch unterirdische Ableitung wie oben Spalte 4. Beseitigung der Regenwässer und erforderliche Landfläche wie unten Spalte 2.	Abfallstoffbeseitigung wie nebenstehend in Spalte 4 angegeben, also Torfstuhlklosetts und keine Spülklosetts. Zur tunlichst weitgehenden Reduktion der Menge der Hausabwässer keine Badeeinrichtung vorsehen, sonst Aufwendung sehr hoher Kosten für die Abfuhr notwendig.	**) Abwässerbeseitigung im allgemeinen schwierig.

leitung zugeführt werden können, so ist eine Verringerung der Rohrweiten für die Schmutzwasserkanalisation dadurch möglich. Bei der richtigen Wahl der Grösse und der Gestalt des Baublocks, die aber als rein technische Fragen hier nur angedeutet werden sollen, lassen sich endlich die Kosten einer Kanalisationsanlage noch weiter herabsetzen. Zur weiteren Herabminderung der Kosten für die Kanalisation wird man auch einfachere Ausführungsweisen berücksichtigen dürfen, sofern solche noch den Ansprüchen an Dauerhaftigkeit genügen.

Eine unter Berücksichtigung aller dieser Momente in der Landesanstalt

Tabelle VII. Vergleichende Kostenermittlung von Be-

Type	Bauart	Bebaute Fläche qm	Länge der Strassenfront m	Auschluss an Wasserleitung und				Wasserversorgung durch eigene Pumpe, Schmutzwasser nach Sammelgrube	
				Kanalisation		Schmutzwassersammelgrube			
				im ganzen	pro 1 qm bebaute Fläche	im ganzen	pro 1 qm bebaute Fläche	im ganzen	pro 1 qm bebaute Fläche
1	2	3	4	5		6		7	
a	Eingebautes Reihenhaus für 1 Familie	66,65	8,00	401,50	6,00	542,00	8,13	714,00	10,71
b	Eingebaut. Reihenhaus als Doppelhaus f. 2 Familien	135,0	16,00	640,00	4,74	802,00	5,94	980,50	7,26
c	Freistehendes Einfamilienwohnhaus	59,68	16,00	369,00	6,18	547,50	9,19	719,50	12,05
d	Einfamilienhaus, Giebelwand an Nachbargrenze	63,20	16,00	366,00	5,79	570,50	9,03	734,50	11,62
e	Doppelhaus f. 2 Familien mit gemeins. Giebel u. gemeins. Zu- u. Ableitung	108,16	32,00	530,00	4,90	731,00	6,75	894,00	8,26
f	Haus wie vor, mit getrennter Zu- u. Ableitung für 1 Haushälfte	54,08	16,00	360,00	6,65	550,00	10,17	711,50	13,15
g	Doppelhaus f. 2 Familien m. gemeins. Mittelwand u. gemeins. Zu- u. Ableitung	98,28	16,00	567,00	5,66	802,00	8,15	962,00	9,68
h	Zweifamilienhaus in 2 Geschossen	60,00	16,00	528,00	8,80	698,00	11,63	859,00	14,31
i	Vierfamilienhaus m. 2 Geschossen	144,4	16,00	768,50	6,70	968,50	8,46	1139,50	9,96
k	Einfamilienhaus für mittlere Beamte	88,0	16,00	564,50	6,40	764,50	8,68	935,50	10,63
l	Doppelwohnhaus für 2 mittlere Beamte mit gemeins. Zu- u. Ableitung	174,45	95,0	974,00	5,58	1109,00	6,35	1344,00	7,70
m	Hälfte des Hauses wie vor mit getrennter Zu- und Ableitung	87,25	47,5	566,50	6,49	712,50	8,16	887,00	10,16

für Wasserhygiene aufgestellte Kostenermittelung von Bewässerungs- und Entwässerungsanlagen innerhalb von Grundstücken (vgl. Tabelle VII) lässt die Vorteile einer zentralen Entwässerung deutlich erkennen. Die Kostenermittelung behandelt 12 verschiedene Bauarten, wie sie für Siedelungen in Frage kommen können. Bei Anschluss der Grundstücke an Wasserleitung und Kanalisation sind die Kostenbeträge fast durchweg niedriger als beim Vorhandensein einer Wasserleitung und einer Schmutzwassersammelgrube. Bei einem eingebauten Reihenhaus für eine Familie betragen z. B. bei zentraler Wasserleitung und bei Kanalisation in runden Zahlen die Kosten für 1 qm bebaute Fläche 7 M. gegen 8 M. beim Vorhandensein einer Schmutzwasser-

und Entwässerungsanlagen innerhalb von Grundstücken.

Wie Spalte 5, einschliessl. anteilig. Kost. d. Strassenleitungen(Kanalisat. u.Wasserleit.)		Wie Spalte 6, einschliessl. anteilig. Kosten d.Wasserleitung in der Strasse		lm Hause werden angeschlossen	Bemerkungen
im ganzen	pro 1 qm bebaute Fläche	im ganzen	pro 1 qm bebaute Fläche		
8		9		10	11
473,00	7,10	574,00	8,61	1 Klosett mit Spülkasten, 1 Ausgussbecken, 1 Bodenentwässer. m. Zapfhahn	Die Regenwässer der Dachflächen werden in allen Fällen mittels Regentonnen entfernt. Für Herstellung der Strassenleitungen und der Anschlussleitungen bis zur Grundstücksgrenze sind pro laufend. Meter Strassenfront angenommen: Wasserleitung 4,0 M. pro m, Kanalisation 5,0 „ „ „ Kosten für Wassermesser, Kläranlage und Pumpwerke sind nicht berücksichtigt.
784,00	5,80	866,50	6,41	2 Klosetts mit Spülkasten, 2 Ausgussbecken, 2 Bodenentwässer. m. Zapfhahn	
513,00	8,59	611,50	10,24	1 Klosett mit Spülkasten, 1 Ausgussbecken, 1 Bodenentwässer. m. Zapfhahn	
510,00	8,06	634,50	10,04	1 Klosett mit Spülkasten, 1 Ausgussbecken, 1 Bodenentwässer. m. Zapfhahn	
818.00	7,56	859,00	7,94	2 Klosetts mit Spülkasten, 2 Ausgussbecken, 2 Bodenentwässer. m. Zapfhahn	
504,00	9,32	614,00	11,35	1 Klosett mit Spülkasten, 1 Ausgussbecken, 1 Bodenentwässer. m. Zapfhahn	
711,00	7,23	866,00	8,61	2 Klosetts mit Spülkasten, 2 Ausgussbecken	
672,00	11,20	762,00	12,70	2 Klosetts mit Spülkasten, 2 Ausgussbecken	
912,50	7,97	1032,50	9,02	4 Klosetts mit Spülkasten, 4 Ausgussbecken	
708,50	8,05	828,50	9,40	1 Klosett mit Spülkasten, 1 Ausgussbecken, 1 Badeeinrichtung	
1829,00	10,48	1489,00	8,53	2 Klosetts mit Spülkasten, 2 Ausgussbecken, 2 Badeeinrichtungen	
994,00	11,96	902,50	10,34	1 Klosett mit Spülkasten, 1 Ausgussbecken, 1 Badeeinrichtung	

Aufgestellt von Techniker Kisker (Kgl. Landesanstalt für Wasserhygiene).

sammelgrube; bei einem freistehenden Einfamilienhaus 8,60 M. gegen 9,20 M. und bei einem Einfamilienhaus für mittlere Beamte (bei grösserer bebauter Fläche) 8 M. gegen 8,70 M. Dabei wurde angenommen, dass die Regenwässer von den Dachflächen auf dem Grundstücke selbst beseitigt werden; für die Herstellung der Wasserleitung auf der Strasse wurden 4 M., für die Kanalisation 5 M. für das laufende Meter als Minimalpreise in Ansatz gebracht. Die Kosten für die zentrale Kläranlage sind in den mitgeteilten Zahlenwerten nicht enthalten; rechnet man zu den letzteren noch 10 bis 20 M. an Anlagekosten für die zentrale Kläranlage pro Kopf hinzu, so werden die Verhältnisse für eine einheitliche Entwässerung aber immer noch nicht ungünstig.

— 28 —

Abbildung 1.

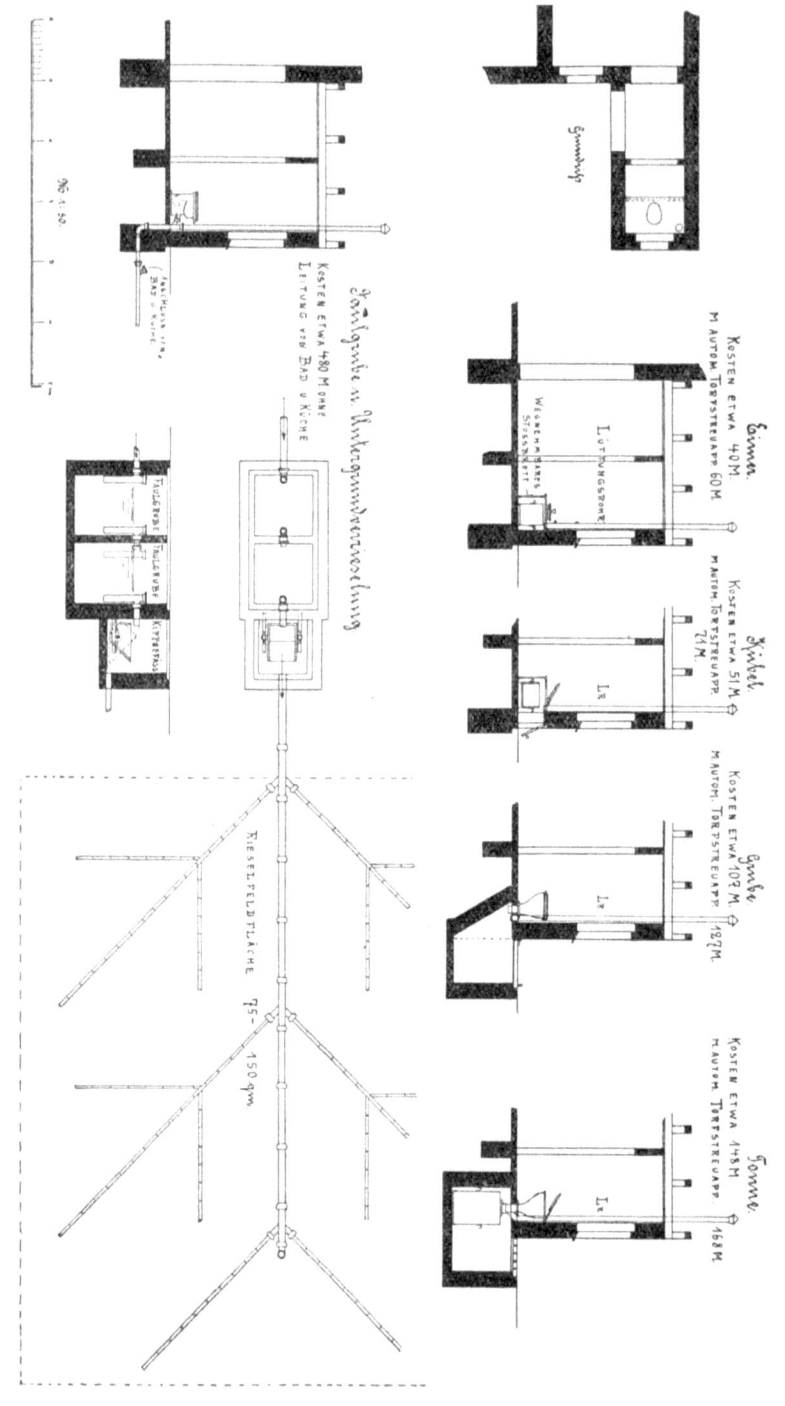

Uebersicht über die verschiedenen Möglichkeiten der Beseitigung der menschlichen Abgänge eines Einfamilienhauses für 5 Bewohner bei fehlender Vorflut (aufgestellt von Techniker Kisker — Kgl. Landesanstalt für Wasserhygiene). Vgl. dazu Tabelle VI, S. 24 und 25.

Bei Schaffung einer Entwässerungsanlage sind aber nicht allein die Anlagekosten, sondern meistens auch die laufenden Ausgaben niedriger als bei der Beseitigung der Abgänge auf dem Grundstücke selbst. Nimmt man z. B. bei einem kleinen Wohnhause in dem letzten Falle für jede Woche eine Ausgabe von nur 50 Pf. an, die die planmässige Unterbringung der Abgänge im eigenen Garten notwendig macht, so sind dies im Jahre 26 M. an laufenden Kosten. Die Beträge an Kanalgebühren, die ein derartiges Haus jährlich aber aufzubringen hat, werden bei einer wirtschaftlich angelegten Kanalisation und bei weitgehendster Reinigung der Abwässer etwa 20 M. betragen; bei nicht so weitgehender Abwasserreinigung sind die Beträge wesentlich niedriger. Bei teilweiser Abfuhr der Stoffe, also bei räumlich beschränkter Gartenfläche, stellen sich die Verhältnisse für die Kanalisation naturgemäss noch günstiger. Muss beim Vorhandensein von schwerem Boden alles Abwasser gar in einer Grube gesammelt und abgefahren werden, so wären bei Annahme einer täglichen Abwassermenge von nur 40 l auf den Kopf und bei einem Minimalpreise von 1,50 M. pro Kubikmeter für das Auspumpen der Grube in einem von fünf Köpfen bewohnten Kleinwohnhause 120 M. an Abfuhrkosten im Jahre aufzuwenden.

Diese Zahlen, die einem Einzelfalle der Praxis entnommen sind, bei dem die Verhältnisse bis in alle Einzelheiten überschaut werden konnten, können unter veränderten Verhältnissen naturgemäss Verschiebungen sowohl nach oben wie nach unten hin erfahren. Je grösser die zu beseitigende Abwassermenge ist, um so vorteilhafter stellen sich aber die Verhältnisse für Schaffung einheitlicher Kanalisationsanlagen. Billiger wieder wird die Unterbringung der Stoffe auf Land, wenn dieses durch die Siedler selbst, also ohne fremde Hilfe, geschehen kann. Billig im Betriebe ist auch eine planmässig angelegte Untergrundberieselung, die — abgesehen von einem gelegentlichen Abheben der Schwimmdecke in der ersten Faulkammer — laufende Ausgaben so gut wie nicht erforderlich macht; ihre Anlage ist aber an gewisse Voraussetzungen gebunden (sehr günstige Untergrundverhältnisse; keine Brunnen in der Nähe); auch ist diese Art der Abwasserbeseitigung im allgemeinen nur bei kleinen Abwassermengen mit der erforderlichen Betriebssicherheit anwendbar.

Nicht selten versuchte man in Siedelungen die Kostenfrage auch auf ganz besondere Weise im günstigen Sinne zu beeinflussen. So wurden in manchen Siedelungen für die Beseitigung der Fäkalwässer besondere Kläreinrichtungen geschaffen, während man die übrigen Abwässer des Haushalts direkt zur Ableitung brachte. Derartige Lösungen sind aber als prinzipiell verfehlt zu bezeichnen. Ganz abgesehen davon, dass die Fäkalwässer für sich allein wegen ihrer hohen Konzentration garnicht so einfach erfolgreich gereinigt werden können, sind die Hauswässer, wie erwähnt, keineswegs so harmlos, dass man sie ohne weiteres einfach abfliessen lassen darf; sie sind als Schmutzwässer zu behandeln und müssen ebenso wie die Fäkalwässer und am besten zusammen mit diesen abgeleitet und einer gemeinsamen Behandlung unterzogen werden.

Der Kuriosität halber sei mitgeteilt, dass man in manchen Siedelungen zur bequemeren Lösung der Entwässerungsfrage für die Hausabwässer und für die Fäkalwässer auch zwei getrennte unterirdische Entwässerungssysteme angelegt hat. Die Entwässerungsfrage wurde dadurch naturgemäss keine leichter zu lösende und grosse Aufwendungen waren notwendig, um den gemachten Fehler einigermassen wieder gut zu machen.

Um die Kosten für eine grosse städtische Kläranlage zu sparen oder dort, wo sich die Stadtverwaltungen nicht früh genug entschliessen konnten, eine zentrale Anlage zu bauen, errichtete man in nicht wenigen Städten, in denen Strassenkanäle bestanden, zwecks Ermöglichung der Einrichtung von Spülklosetts und von Badeeinrichtungen Kläranlagen für die einzelnen Häuser, also sogen. Hauskläranlagen. Derartige Kläranlagen, die, wenn man genauer hinsicht, oft nur eine schöne Bezeichnung für die so verpönten Gruben mit Ueberläufen zu dem Strassenkanal sind, haben in Neusiedelungen bislang eine nur verhältnismässig geringe Anwendung gefunden; als zulässige Lösung, um eine zentrale Kläranlage zu sparen, können Hauskläranlagen niemals angesehen werden. Sie sind in der Anlage teuer, ihrem Zwecke, die Kanäle und die Vorflut vor Verunreinigung zu schützen, werden sie bei ihrer durch die örtlichen Verhältnisse gebotenen räumlichen Beschränkung oft nur wenig gerecht, dabei verhindern sie die Schaffung geordneter Entwässerungsverhältnisse. Da sie in den Städten meistens nur dem Begüterten, der sich eine Kläranlage leisten kann, zugute kommen, während sie z. B. der ärmeren Bevölkerung versagt ist, bei der gerade die Abschwemmung aller Schmutzstoffe bei dem geringen Verständnis für persönliche Hygiene an erster Stelle am Platze ist, so stellt die Errichtung von Hauskläranlagen — von besonderen wenigen Einzelfällen der Praxis abgesehen — geradezu eine hygienische Gefahr dar, die nach Möglichkeit zu bekämpfen ist.

Derartige und diesen gleichwertige Vorschläge, die z. B. auf einen planlosen Bau der gerade notwendigen Kanäle hinzielen, sind aber weit davon entfernt, die Kostenfrage günstig zu beeinflussen; durch ein derartiges Vorgehen wird die Abwasserbeseitigung vielmehr oft erst recht schwierig.

Die richtige Art des Vorgehens ist im übrigen die wichtigste Frage für die gedeihliche Entwickelung einer Siedelung; sie wird durch die örtlichen Verhältnisse bestimmt und ist für die Kostenfrage naturgemäss von ausschlaggebender Bedeutung.

Nach dem Gesagten kann nun über die an sich beste Lösung ein Zweifel nicht bestehen. Da die Schaffung von provisorischen Anlagen Geld kostet und zwar oft mehr als die definitive Lösung, so muss man, wenn man billig bauen will, definitiven Lösungen vor den Provisorien den Vorzug geben.

In Gartenstädten, in Arbeiterkolonien u. dgl., in denen für einen bestimmten Höchstpreis der Miete das Wohnen in gesunder Umgebung ermöglicht werden soll, kann danach also die Lösung der Abwasserfrage nur nach zwei Richtungen hin erfolgen: Erstens in der Schaffung von ländlichen Heimstätten mit genügend gross bemessenen Landflächen, die das Unterbringen der Abgänge auf dem Lande für alle Zeiten sicherstellen, oder zweitens in der planmässigen Entwässerung der Siedelung von vornherein. Eine dritte Lösung kann es für diesen Typ einer Siedelung nicht geben; für diesen ist die Schaffung von definitiven Lösungen eine Lebensfrage.

Für Villenvororte und für gleichwertige Siedelungen, die eine finanzielle Belastung dagegen zu tragen vermögen, sind definitive Lösungen naturgemäss ebenfalls die besten, sie sind hier aber nicht von so ausschlaggebender Bedeutung wie z. B. bei den Gartenstädten, und die Schaffung von Provisorien ist hier, an sich betrachtet, möglich. Die provisorischen Lösungen sind dabei so zu wählen, dass sie in die Entwicklung der Siedelung hineinpassen und diese insbesondere nicht aufzuhalten vermögen. Die zur Unterbringung der Torfstuhlklosetts vorgesehenen Räume sind danach am besten also so zu wählen, dass in ihnen später ohne weiteres die Wasserspülung und Badeeinrichtungen eingebaut werden können. Grubenanlagen gestaltet man so, dass man sie später als Vorratsräume, z. B. für Kohlen, oder als Düngerstätte oder als Kompostanlage benutzen kann. Damit eine spätere Kanalisation tunlichst billig wird, empfiehlt es sich, die Strassen zu Anfang so einfach als möglich zu bauen, sofern man nicht vorzieht, zwischen den trennenden Gärten der Einzelgrundstücke schmale Streifen freizuhalten, um hier — also nicht vor, sondern hinter den Grundstücken — die Schmutzwasserkanäle anzuordnen, die unter Umständen zuerst als offene Abwasserkanäle ausgebildet werden können, die man später nach Bedarf dann überdecken kann. In Fällen, in denen die Kanäle der Siedelung später an ein städtisches Kanalnetz Anschluss finden und für die Behandlung des Kanalinhaltes vorläufig eine provisorische zentrale Kläranlage errichtet werden muss, können hierfür transportable Reinigungseinrichtungen, z. B. ein Klärturm, oder an Stelle massiver Frischwasserkläranlagen billige Erdbecken mit Holzeinbauten vorgesehen werden. Für provisorisch errichtete biologische Körper ist endlich die Verwendung von Gaskoks als Körpermaterial empfehlenswert; dieser ist zwar nicht so widerstandsfähig wie z. B. Schlacke, wenn man ihn aber nicht mehr gebraucht, so kann er durch Verbrennen unter der Kesselfeuerung immer noch nutzbringend beseitigt werden.

Provisorien erleichtern, ganz allgemein gesprochen, naturgemäss nicht unwesentlich die Gründung und die erste Entwicklung einer Siedelung; die Schwierigkeiten kommen dafür aber oft nachher. Bei definitiven Lösungen sind zu Beginn grössere Schwierigkeiten zu überwinden, dafür hat man nachher aber seine Ruhe. Wo im Einzelfall der Vorteil gelegen ist, bedarf im übrigen einer ernsten Prüfung der in Betracht kommenden besonderen örtlichen Verhältnisse.

Bei Gartenstadtsiedelungen und bei gleichartigen Koloniebildungen bildet übrigens die Art ihrer Organisation für die Schaffung definitiver Entwässerungsverhältnisse besonders günstige Vorbedingungen. Der ganze Siedelungsplan liegt in einer Hand. Die Bebauung erfolgt baublockweise in verschiedenen Bauperioden; sie kann deshalb beim Hauptsammelkanal der Entwässerungsanlage begonnen werden. Die Siedelungen sind an ein gegebenes Gelände nicht gebunden; sie können sich dasjenige auswählen, das neben den sonst noch in Berücksichtigung zu ziehenden Punkten die für die Entwässerungseinrichtungen günstigsten Verhältnisse aufweist. Neben dem Vorhandensein guter Grundwasserverhältnisse und eines günstigen Gefälles, ferner von sandigem Boden stehen hier vorteilhafte Vorflutverhältnisse, also günstige topographische Verhältnisse, an allererster Stelle. Die Beseitigung des Regenwassers wird einfach, und einfachere Reinigungsverfahren genügen, um das Auftreten von Missständen in der Vorflut hintanzuhalten. Dort, wo der Anschluss einer Siedelung, wie z. B. bei Gartenvorstädten, an eine bereits bestehende Entwässerungsanlage möglich ist, ist diese Lösung oft jeder anderen vorzuziehen.

Bei fehlender Vorflut ist die Lösung der Abwasserfrage in Gruppensiedelungen von vornherein schwierig. Provisorien sind hier oft nicht zu umgehen, und nur leistungsfähigere Siedler können für die Besiedelung eines derartigen Geländes in Frage kommen. Die Zusammenarbeit von Gesundheitsingenieur und Architekt, die von vornherein einzusetzen hat, wird im übrigen das Richtige hier schon finden lassen; für die Beseitigung der Abfallstoffe ist dabei eine ins Einzelne gehende Projektaufstellung (spezielles Projekt mit eingehenden Bau- und Betriebskostenberechnungen) auch dort, wo die Entwässerungsanlage zunächst noch nicht gebaut werden soll, unerlässlich. Man vermeidet so unliebsame Ueberraschungen und lenkt das Fortschreiten der

Siedelung in die richtigen Bahnen. Diese grundlegenden Vorarbeiten geben auch darüber Aufschluss, für welche Art von Siedelung ein neu zu erschliessendes Gelände eine gedeihliche Entwicklung zu versprechen vermag.

Die zur Behandlung der aus dem Wohnbereich abgeführten Abwässer dienenden Klärverfahren sind bei Einzel- und Gruppensiedelungen naturgemäss die gleichen, wie für die Behandlung der Schmutzwässer ganzer Städte. Die Wahl des Verfahrens ist von den im Einzelfalle bestehenden Verhältnissen abhängig zu machen. Bei der Kleinheit der zentralen Kläranlage, z. B. bei Einzelsiedelungen, wird oft die Betriebssicherheit der Anlage bei der Wahl des Reinigungsverfahrens an erster Stelle ausschlaggebend sein müssen. Der mechanischen Behandlung in Frischwasseranlagen (bei grösseren Anlagen) oder der Faulraumbehandlung (bei kleineren Anlagen), wird man deshalb in zahlreichen Einzelfällen der Praxis vor dem künstlichen biologischen Verfahren den Vorzug geben müssen. Der Wert der Klärverfahren, ihre vorteilhafteste Durchbildung und die Gesichtspunkte für ihren richtigen Betrieb, sind im übrigen nach den Erfahrungen der letzten Jahre für die Bedürfnisse der Praxis ausreichend klargestellt. Bei der Errichtung von Reinigungsanlagen für Siedelungen handelt es sich der Hauptsache nach also nur um die geschickte Anwendung bekannter Tatsachen[1]) auf den einzelnen Fall.

Unter Hinweis auf die Ausführungen von J. König[2]), ferner auf A. Schiele[3]) bleibt im besonderen hier folgendes zu sagen übrig:

Der durch Rechenanlagen (Feinreiniger) zu erreichende Klärerfolg ist bei Siedelungen infolge der Nähe der Anlage ein verhältnismässig weitgehender. Rechenanlagen sind in der Anlage im allgemeinen billiger, im Betriebe aber meistens teurer als Absitzanlagen; das bei ihnen erhaltene Rechengut ist von ziemlich hohem landwirtschaftlichen Werte. Der Anwendung von Rechenanlagen für die Reinigung grosser Abwassermengen stehen mit Rücksicht auf die Reinhaltung der Vorflut gewisse Bedenken entgegen; kleinere Abwassermengen können dagegen unbedenklich durch Feinreiniger behandelt werden, sofern das Klärprodukt einem unserer grossen Ströme zugeführt werden soll.

Die der mechanischen oder der chemischen Behandlung dienenden Absitzanlagen können nach dem heutigen Stande unserer Kenntnisse nur als sogen. Frischwasseranlagen zur Verwendung kommen, in denen der Schlamm entweder selbsttätig oder durch einfaches Ablassen von dem Abwasser getrennt wird. Das Abwasser bleibt so frisch und kann zu Geruchsbelästigungen einen Anlass nicht geben. Für die Vorflut scheint frisches Abwasser auch besser zu sein als vorgefaultes Abwasser. Bei der Einleitung von mechanisch gereinigtem Wasser in stehende oder langsam fliessende Gewässer treten auch bei geringen Verdünnungen (z. B. 1 : 5 bis 1 : 10) Missstände oft nicht hervor. Wird gut entschlammtes Abwasser aber in lebhaft bewegte sauerstoffreiche Bäche und Flüsse abgeleitet, so können durch Auftreten von Abwasserpilzen Missstände sich wohl zeigen, also auch wenn das durch die Vorflut reichlich verdünnte Abwasser selbst nicht mehr fault. Eine Teichbehandlung des gesamten Vorflutwassers, wie man sie z. B. bei einer Rieselanlage zur Bekämpfung der Abwasserpilze nachschaltet, und die mit einer etwa eintägigen Aufspeicherung des verdünnten Wassers rechnet, kann hier Besserung schaffen.

---

1) Vgl. hierzu u. a. Thumm, K., Ueber Anstalts- und Hauskläranlagen. 2. Aufl. 1913. Verlag von Aug. Hirschwald, Berlin NW., Unter den Linden 68.
2) Vgl. die Fussnote auf S. 18.
3) Mitteil. a. d. Königl. Prüfungsanstalt f. Wasser. u. Abwässer. H. 11. Verlag von Aug. Hirschwald, Berlin NW., Unter den Linden 68.

In den meisten Fällen ist mit der Errichtung von Frischwasseranlagen die Methode der getrennten Schlammfaulung verbunden. Die erforderlichen Schlammzersetzungsräume können dabei sowohl unter dem Absitzraum wie neben demselben liegen. Die bequeme Anschaltungsmöglichkeit weiterer Räume ist in beiden Fällen vorzusehen. Bei der Konstruktion der Schlammzersetzungsräume ist auf die Schwimmdeckenbildung besonders Bedacht zu nehmen, und es bedarf eines richtigen Verhältnisses zwischen Schlamm und Wasser (etwa 1 : 2), gegebenenfalls auch des Zusatzes von chemischen Zuschlägen [$Ca(OH)_2$, Na_2CO_3, $NaCl$], damit der Schlamm in diesen Räumen gut wird.

Notauslasskläranlagen sind für den besonderen Zweck durchgebildete Frischwasserkläranlagen mit abgetrenntem Schlammraum. Der Absitzraum derartiger Anlagen ist normalerweise wasserfrei. Wenn es regnet, füllt sich zuerst der Frischwasserraum, dann erst läuft das entschlammte Wasser aus der Anlage ab. Nach Aufhören des Regens entleert sich der Absitzraum dann wieder langsam automatisch.

Bei Siedelungen wird der Zusatz chemischer Zuschläge zu den Abwässern im allgemeinen wenig geübt. Bei grossen Mengen von Wäschereiabwässern können Zuschläge wie Kohlebrei usw. zur Anwendung empfohlen werden; sind die Abwässer z. B. durch die Abflüsse aus Viehställen sehr konzentriert, so ist bei der Anwendung chemischer Klärmittel Vorsicht geboten. Bei der grossen Anpassungsfähigkeit der chemischen Verfahren an die besonderen Verhältnisse der Vorflut dürfte der chemischen Klärung noch eine gewisse Bedeutung für die Zukunft beschieden sein.

Zwei- oder dreikammerige Faulanlagen, in denen das Wasser sich etwa 30 Tage aufhalten kann, liefern bei nicht zu konzentrierten Abwässern fäulnisunfähige Abflüsse, die aber wie jedes gefaulte Wasser stark sauerstoffzehrend sind. Durch Zuführung von reinem Wasser, z. B. von Regenwasser in die dritte, entsprechend gross zu gestaltende Abteilung der Faulraumanlage kann der Reinigungserfolg der Anlage gesteigert werden. Stehen, wie z. B. oft bei Fabriksiedelungen, reichliche Mengen Verdünnungswasser dauernd zur Verfügung, so ist die Zuführung von Reinwasser zu der Faulraumanlage nicht notwendig; ein Schaden ist dies natürlich aber nie.

Fischteichanlagen sind zur Behandlung von entschlammtem Frischwasser in Siedelungen, wenn die örtlichen Verhältnisse hierfür günstig liegen, zur Erzielung weitgehender Reinigungserfolge gute und sehr betriebssichere Kläreinrichtungen. Sie sind etwa so leistungsfähig, wie Rieselfeldanlagen, denen das Wasser in vorgereinigtem Zustande zugeführt wird. Für ihre richtige Durchführung ist das Vorhandensein nicht zu geringer Reinwassermengen — die 5- bis 10fache Menge des Schmutzwassers — die Voraussetzung. Da das Abwasser in der Teichanlage lange Zeit sich aufhält, ehe es als gereinigtes Wasser zum Abflusse gelangt, so ist diese Methode bei entsprechender Gestaltung der Teichanlage auch geeignet, über schwierige wasserarme Zeiten in der Vorflut hinwegzuhelfen.

Das künstliche biologische Verfahren findet wie bekannt sowohl als Füllverfahren wie als Tropfverfahren in der Praxis Verwendung. Bei Siedelungen können beide Durchbildungsarten mit Erfolg Anwendung finden, während in grossen Anlagen im allgemeinen dem Tropfverfahren vor dem Füllverfahren der Vorzug zu geben ist. Konzentrierte Abwässer, wie Fäkalwässer allein oder Jaucheabflüsse enthaltende Abwässer, sind durch das künstliche biologische Verfahren nur nach entsprechender Verdünnung mit Erfolg

— 34 —

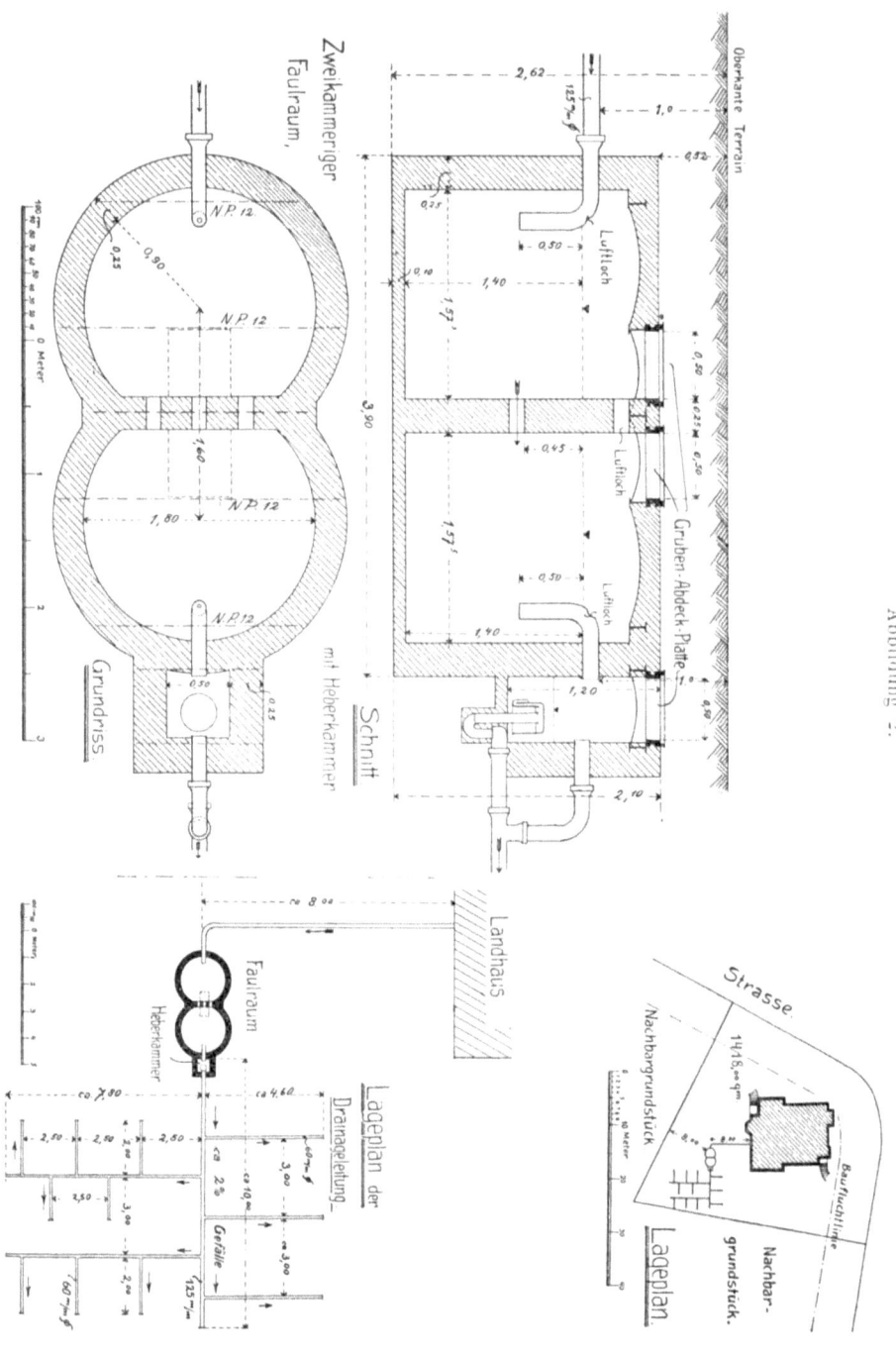

Abbildung 2.

Abwasserbeseitigungsanlage für ein von etwa 5 Personen bewohntes Landhaus bei fehlender Vorflut. Zweikammeriger Faulraum mit Heberkammer und angeschalteter Untergrundberieselung.

zu behandeln. Der Bedeutung der Wäschereiabwässer für eine künstliche biologische Anlage ist bereits früher gedacht worden.

Bezüglich des Rieselverfahrens ist Besonderes hier nicht zu sagen, es sei denn der Hinweis auf die besondere Wichtigkeit der Untergrundberieselung (vgl. Abb. 2) und auf die Notwendigkeit einer Vorbehandlung der Abwässer vor ihrer Aufleitung auf Rieselanlagen. Rieselanlagen müssen als Reinigungsverfahren natürlich in den Fällen ausscheiden, wo durch sie das Auftreten von Geruchsbelästigungen in einer Siedelung zu befürchten steht.

Rechenanlagen, Absitzanlagen und Rieselanlagen (oberirdischen Berieselungsanlagen) können die Schmutzwässer und die Regenwässer gemeinsam zugeführt und durch sie beseitigt werden; bei den übrigen Anlagen — auch bei der Untergrundberieselung — ist es besser, Schmutzwasser und Regenwasser für sich zu beseitigen.

In Siedelungen bietet die Schlammbeseitigung im allgemeinen keine besonderen Schwierigkeiten. Von Vorteil ist es aber, wenn die Kläranlage mit einem grossen landwirtschaftlichen Betriebe, und zwar mit einer Viehhaltung, vereinigt wird. Der hier anfallende Dünger vermag die Schlammbeseitigung noch zu vereinfachen. Kompostierung ergibt dann eine Düngerform, die den durch die Abschwemmung der Fäkalien entstandenen Verlust reichlich wieder aufzuwiegen vermag.

Ich bin am Ende meiner Ausführungen. Das umfassende und etwas spröde Thema macht das Eingehen auf zahlreiche Einzelheiten der Praxis notwendig, die teils auf wissenschaftlich-praktischem Gebiete, teils auf technischem, teils auf agrikulturchemischem Gebiete sich bewegen mussten.

Zusammenfassend sei zum Schlusse folgendes bemerkt:

Bei der Abwasserbeseitigung von Einzel- und Gruppensiedelungen sind im Grunde genommen zwei extreme Lösungsmöglichkeiten zu unterscheiden: auf der einen Seite das Bauernhaus und das Dorf mit seinen Abortgruben, dem Aufbringen der Abfallstoffe auf das Land und dem Fehlen von Badeeinrichtungen; auf der anderen Seite das moderne Hotel und die Villenkolonie mit allen Annehmlichkeiten eines behaglichen Wohnens, mit Wasserspülklosetts, mit Badeeinrichtungen und mit bequemer Ableitung aller Schmutzstoffe zu einer zentralen Reinigungsanlage. Beide Hauptfälle können hygienisch einwandsfrei gestaltet werden; die Abwasserbeseitigung der dörflichen Siedelung ist für den besonderen Zweck ausreichend, dafür ist sie billig; die Abwasserbeseitigung der Villenkolonie ist teuer, dafür ist sie vorzüglich. Dazwischen ist nun nach den verfügbaren Mitteln jede Abstufung möglich, die im übrigen bei richtiger Wahl des Geländes keineswegs immer teuer zu sein braucht.

Da die Art, in der die Abwasserbeseitigung im Einzelfall vorgenommen wird, geradezu den besonderen Charakter einer Siedelung bestimmt, so muss von ihr natürlich auch ausgegangen werden, wenn man an die Neugründung einer Siedelung herangehen will. Durch Zusammengehen von Ingenieur und Architekt ist also vorher zu ermitteln, für welchen Typ einer Siedelung ein bestimmtes Gelände geeignet erscheint. Ist diese Frage beantwortet, so ist damit auch gegeben, welchen Grad der Vollkommenheit die Abwasserbeseitigungsanlage besitzen muss.

Die Lösung der Abwasserfrage ist dabei garnicht einmal so schwierig, wie man vielfach denkt; man vermeide bei ihr nur die Anwendung halber Mittel, geheimnisvoller Systeme von unglaublicher Leistungsfähigkeit und beherzige bei ihr den Satz: „Jede Siedelung gründe man auf dem richtigen Gelände!"

Bei schwerem Boden und bei fehlender Vorflut denke man zuerst an die Errichtung ländlicher Siedelungen, die eine Vorflut nicht so nötig gebrauchen oder an diejenige teurer Villenkolonien, die sich diese künstlich schaffen können; für alle übrigen Siedlungstypen, insbesondere für Gartenstädte, wähle man leichten Boden und günstige Vorflutverhältnisse.

Die Siedelungsfrage liegt also, soweit es die Verhältnisse der Abwasserbeseitigung betrifft, vollständig klar vor uns. Provisorische und definitive Lösungen führen im übrigen zum Ziel. Will man aber verhältnismässig billig bauen, so muss man definitive Lösungen wählen; Provisorien sind teuer, da sie früher oder später durch definitive Lösungen ersetzt werden müssen.

Für manche Siedelungen wird merkwürdigerweise die Abwasserfrage manchmal als noch nicht spruchreif bezeichnet. Bei dem heutigen Stande der Abwassertechnik ist ein derartiger Standpunkt unerklärlich, es sei denn, man erhoffe die Erfindung eines Reinigungsverfahrens, das keinen Platz beansprucht, das von selber geht, nichts kostet und das völlig geruchlos arbeitet. Derartiger Leistungen vermögen sich die heutigen Abwasserreinigungsverfahren allerdings noch nicht zu rühmen.

Einen zuwartenden Standpunkt einzunehmen, ist das schlimmste, was man hier tun kann. Das führt zur Schaffung von Versitzgruben oder Gruben mit Ueberläufen, Einrichtungen, die unsere Städte glücklicherweise zum grössten Teil zu überwinden trachten. Hüten wir uns, dass das, was diese mehr oder weniger jetzt verlassen, als neueste Abwassererrungenschaft auf das Land verpflanzt wird!

MIX
Papier aus verantwortungsvollen Quellen
Paper from responsible sources
FSC® C105338

If you have any concerns about our products,
you can contact us on
ProductSafety@springernature.com

In case Publisher is established outside the EU,
the EU authorized representative is:
Springer Nature Customer Service Center GmbH
Europaplatz 3, 69115 Heidelberg, Germany

Printed by Libri Plureos GmbH
in Hamburg, Germany